沿海地区常见水文地质灾害及其数值模拟研究

肖　瀚　唐　寅　李海明　著

黄河水利出版社

·郑州·

内 容 提 要

沿海地区人口和城市密集,其经济在国民经济和社会发展中处于重要的战略地位。该区生态环境脆弱,在日益加剧的全球性气候变化和人类活动影响下,该地区水文地质灾害频发,造成的经济和财产损失不断加重。本书详细介绍了地下水模型在沿海地区海(咸)水入侵灾害和地面塌陷灾害影响评价等方面的应用以及数值模拟方法在灾害预测和防治方面的重要意义。

图书在版编目(CIP)数据

沿海地区常见水文地质灾害及其数值模拟研究/肖瀚,唐寅,李海明著 . —郑州:黄河水利出版社,2019. 11
ISBN 978-7-5509-2543-4

Ⅰ.①沿…　Ⅱ.①肖…②唐…③李…　Ⅲ.①沿海-水文地质-地质灾害-数值模拟-研究　Ⅳ.①P641

中国版本图书馆 CIP 数据核字(2019)第 247303 号

审稿编辑:席红兵　13592608739

出 版 社:黄河水利出版社　　　　　　　　　网址:www.yrcp.com
　　　地址:河南省郑州市顺河路黄委会综合楼 14 层　邮政编码:450003
发行单位:黄河水利出版社
　　　发行部电话:0371-66026940、66020550、66028024、66022620(传真)
　　　E-mail:hhslcbs@ 126. com
承印单位:河南新华印刷集团有限公司
开本:787 mm×1 092 mm　1/16
印张:12
字数:277 千字　　　　　　　　　　　　印数:1—1 000
版次:2019 年 11 月第 1 版　　　　　　　印次:2019 年 11 月第 1 次印刷

定价:60.00 元

作者简介

肖瀚,男,美国中佛罗里达大学土木工程博士,现任职天津科技大学,主要从事水文地质和地下水环境研究。目前主持天津市自然科学基金1项,参与多项国家级和省部级科研项目,以第一作者发表SCI检索论文6篇,担任《Environmental Modelling & Software》《Estuarine,Coastal and Shelf Science》《Hydrogeology Journal》《Geofluids》和《Science of the Total Environment》等SCI期刊审稿人。

唐寅,女,美国中佛罗里达大学土木工程博士,现任职中国科学院地理科学与资源研究所,主要从事水文水资源研究。目前主持国家自然科学基金1项和地方委托项目1项,参与多项国家级和省部级科研项目,发表SCI检索论文16篇(被引频次超过450次),担任《Geophysical Research Letters》《Hydrology and Earth System Sciences》《Journal of Geophysical Research:Atmospheres》《Journal of Hydrology》和《Water Resources Research》等SCI期刊审稿人。

李海明,男,教授,中国地质大学(北京)博士,中国海洋大学博士后,现任职天津科技大学,长期从事地下水、土壤污染机理与控制等研究,主要研究方向包括地下水污染模拟与预测、污染场地地下水和土壤污染风险评估与修复、地下水环境影响评价、地下水资源评价与管理等。先后主持完成国家自然科学基金、国家“水专项”专题、水利部“地下水保护行动”专题、中央分成水资源费、天津市自然科学基金等100余项科研项目,发表论文80余篇(其中SCI和EI检索25篇),以第一发明人授权发明专利3项和实用新型专利2项。

前　言

沿海地区人口密集,在国民经济中的战略地位和作用极其重要。由于水文气象情况多变且水文地质条件复杂,水文地质环境较为脆弱。近年来,在日益加剧的全球性气候变化和人类活动影响下,沿海地区水文地质灾害(如海(咸)水入侵、地面沉降和地面塌陷等)发生频率不断增加,强度不断增大,造成了严重的人员伤亡以及经济和财产损失,严重阻碍了经济建设和社会发展。本书详细论述了沿海地区常见水文地质灾害的形成原因及气候变化和人类活动对其影响机制,详细介绍了地下水建模和数值模拟方法在定量评估和预测海(咸)水入侵和地面塌陷等水文地质灾害方面的应用。

本书共分为四篇。第一篇为沿海地区常见水文地质灾害。内容包括沿海地区常见自然灾害的概述、特征及其影响;沿海地区常见水文地质灾害的基本概念、形成原因、气候变化和人类活动对其影响、防治措施及存在的问题。第二篇为地下水模型与数值模拟方法,内容包括数值模型的起源、发展和应用,用户友好型图形界面的开发和使用,数值模拟存在的问题和发展趋势。第三篇为海(咸)水入侵影响评价数值模拟研究案例,详细介绍了地下水模型和数值模拟方法在模拟和预测海(咸)水入侵方面的应用实例。第四篇为地面塌陷影响评价数值模拟研究案例,详细介绍了地下水模型和数值模拟方法在评估岩溶地面塌陷风险方面的应用实例。

本书第1、2章由肖瀚(天津科技大学)、唐寅(中科院地理科学与资源研究所)、李海明(天津科技大学)编写。第3章由唐寅编写。第4~10章由肖瀚和唐寅编写。本书中引用文献均有标注,由于篇幅所限,主要参考文献列于章末,如有遗漏,恳请见谅。

本书可供地下水科学与工程、地质科学与工程、水文水资源工程和环境科学与工程等相关专业科研人员、工程技术人员和高等学校师生阅读和参考,也可供感兴趣的读者参阅。由于编者水平所限,书中难免存在错误和不足之处,恳请读者批评和指正。

作　者

2019 年 8 月于天津

目　录

第四篇　地面塌陷影响评价数值模拟研究案例

第一篇 沿海地区常见水文地质灾害

第1章 常见自然灾害及其环境影响

根据灾害的特点,可将灾害定义为由自然变异、人为因素或二者结合所引起的对人类生命、财产以及生存和发展环境造成破坏的现象或过程。自然灾害和减灾措施研究是政府和学术界共同关注的重要科学课题之一。探索自然灾害的形成和演变、自然环境条件和社会经济背景,揭示自然灾害的类型、时间变化趋势及空间分布规律,掌握人类活动与自然灾害之间的相互作用规律可有效防灾、避灾、减灾和救灾,也可助力该地区的可持续发展。

1.1 常见自然灾害概述及其特征

1.1.1 自然灾害的概念

《环境科学大辞典》对自然灾害的定义是:自然环境的某个或多个环境要素发生变化,破坏了自然生态的相对平衡,使人群或生物种群受到威胁或损害的现象。简单来说,自然灾害是指发生在地球环境系统中,给人类社会带来重大损失与危害的各种自然过程变异事件,即那些会给人类的生存与发展带来各种灾祸的自然现象的总称。

从环境地质学的角度来看:自然灾害是由于自然环境原因、人类活动或两者共同作用给人类社会系统带来不利后果的现象。自然灾害并不是单纯的自然现象或社会现象,而是一种包含自然和社会的现象,是自然环境系统与人类社会系统相互作用的产物。就自然灾害的属性而言,任何一种自然灾害都具有自然属性和社会属性。自然属性是指自然灾害产生于地球环境系统物质运动过程的一种或多种具有破坏性的自然力,是人类不易或不可抗拒的,并通过非正常的方式释放而给人类造成危害。社会属性是指自然灾害对人类社会系统的影响或危害程度,亦称为致灾程度,通常用伤亡人口数、破坏的基础设施情况、损失的价值等指标表示。从人与自然的辩证关系来看,各种自然灾害中既包括纯自然灾害,又包括人为自然灾害,以及由于人为因素与自然因素的相互叠加引起的自然灾害。

根据自然灾害的特征及自然灾害在地球环境系统中出现的位置,可以将自然灾害分为以下几种类型:天文灾害(如太阳辐射异常、宇宙射线、超新星爆发、陨石冲击、电磁异爆等)、地质灾害(如地震、滑坡、泥石流、地面沉降、岩崩、雪崩、火山喷发等)、气象水文灾害(如干旱、洪水、沙尘暴、龙卷风、寒潮、霜冻等)、海洋灾害(如台风、海啸、风暴潮、海水倒灌、海岸侵蚀、赤潮等)、土壤生物灾害(如农业病虫害、沙漠化、盐化、物种灭绝、外来物种入侵等)、环境灾害(如雾霾、酸雨、光污染、化学烟雾、噪声等)。按照自然灾害发生的速率和持续时间,也可以将自然灾害划分为突发性灾害(如地震、滑坡、泥石流、森林火灾等)和非突发性灾害(如水土流失、土壤沙化、土壤盐渍化、海岸侵蚀、海水倒灌等)。

1.1.2　自然灾害的特征

自然灾害的发生严重影响人类社会的生存和发展,减轻自然灾害带来的损失,消除自然灾害的威胁是经济建设和社会发展的共同需要。在探明各种自然灾害发生演化时空规律的基础上进行有效的监测、预测、预防和预警是防灾、减灾、避灾及救灾的重要途径。研究表明,自然灾害具有以下几种主要特征。

1.1.2.1　危害性和并发性

危害性是指自然灾害给国家、集体和个人造成的各种难以想象的灾难性后果,这些后果给社会、环境和经济带来重大损害,甚至直接威胁人类生存。这是自然灾害的最主要特征,也正是这种巨大的危害性,对人类社会、经济和环境构成重大危机。并发性是指一种自然灾害的发生常会诱发或导致其他类型灾害的发生。如大地震灾害的发生除直接造成建筑物和工程设施的崩塌、毁坏、大量人员伤亡及经济损失外,经常会诱发海啸、滑坡、泥石流、火灾等次生灾害,甚至还会带来瘟疫、社会恐惧等衍生灾害。几种灾害的破坏作用一旦叠加在一起,其危害程度将远胜于单个灾害。

1.1.2.2　意外性和紧急性

意外性是指自然灾害由意外突发事件引起,其发生往往出乎预料、令人猝不及防,即使是全球大气的温室效应、海平面上升、沿海城市的地面沉降等趋势性灾害,其危害也总是通过全球气候极端事件、沿海大规模海蚀海侵、海啸等突发的形式表现出来。自然灾害之所以普遍具有意外性,主要是由于孕育自然灾害的地球环境系统往往复杂多变,使得人们难以深入地了解和预测。紧急性是指自然灾害来势迅猛、暴发速度快,允许人们做出反应的时间十分短暂,以致组织和个人很难采取适当的应急措施。

1.1.2.3　区域性和持续性

区域性是指自然灾害的种类和灾害发生的频率往往具有一定的区域分布规律,即某种自然灾害往往常发生在特定的区域或某种环境之中,如海啸、台风往往发生在沿海地区;洪灾往往发生在大江河的中下游沿岸地区。持续性是指自然灾害发生所波及的范围广大,上至大气层,下达陆地、森林和海洋等,而且其产生的危害在空间和时间上还会不断地持续、扩展,从而使人们长时间处于危害之中。

1.1.2.4　周期性和群发性

不同的自然灾害往往具有各自独特的周期,及在一定时间范围内会重复出现。例如,火山爆发和地震的周期往往以百年为尺度,特大洪涝灾害和干旱灾害往往以几十年为周期,厄尔尼诺等气象事件通常以几年为周期,而台风和风暴潮一年内通常会出现几次。群发性是指相同或不同类型的自然灾害常常接踵而至或相伴发生。例如,在很多土石山区,经历过特大洪涝灾害的同时,往往还会伴随滑坡、泥石流等自然灾害的发生。

1.1.2.5 复杂性和多因性

自然灾害的复杂性和多因性体现在多个方面。第一,孕育自然灾害的地球环境系统往往复杂多变。第二,某种自然灾害可与其他自然灾害组成灾害链。第三,某种自然灾害存在多种诱因,或者同一诱因能引发多种自然灾害。第四,自然灾害的周期性不仅局限于一种时间尺度,还可以表现出层层嵌套的多周期性。

随着社会生产力水平的不断提高,人类改造自然环境的深度和广度也在不断增强,这不仅使愈来愈多的自然灾害发生与人类社会、经济和环境紧密联系,还不断地产生许多新的人工诱发的自然灾害。因此,从地球环境系统发展演化的角度来看,进行自然灾害研究必须注重如下几个方面的问题:在分析地球环境系统时空变异规律的基础上,揭示区域自然资源系统、生态系统及其运动变化的客观规律,掌握区域自然资源系统和生态系统的自我调节机制及其阈值。人类活动的干涉超过了自然资源系统和生态系统自我调节的阈值就会破坏自然环境原有的演变规律,改变其发展态势。由此造成的结果要么朝着有利于人类生存和发展的顺向演替方向转变,要么朝着不利于人类生存和发展的逆向演替方向转变,两者必居其一。纵观人类发展进程,人类过去的过度干涉往往使得自然资源和生态系统朝着逆向演替的方向转变。

1.2 常见地质灾害

地质灾害是指由地质压力引起的自然灾害或以地质环境变化为特征的自然灾害,包括火山爆发、地震、崩塌、山体滑坡、滑坡、地面沉降和地裂缝等。在地球内部动力的作用下,特别是内动力、外动力或人为地质动力,使得岩石圈具有异常能量释放、物质运动、岩土变形转换和环境异常变化等,形成危害人类生命财产、生活和经济活动或破坏人类赖以生存和发展的资源环境的灾害,这些现象和过程是地质灾害的具体表现。

1.2.1 地质灾害的定义及其内涵

地质灾害是指由地质影响(自然,人为或综合)而导致地质环境突然或缓慢损坏并导致生命和人类财产损失的现象或事件。人类直接生活在地壳表面,这是地球层中最具互动性、强烈性和敏感性的部位。地球各圈层在运动变化以及相互作用和影响过程中,将会单独或综合地产生各种地质作用,使地表发生变异。其中一些变化构成了人类的灾难,即地质灾害。地质灾害、气象灾害和生物灾害是自然灾害的主要类型,具有突发性、多重性、大规模和持久性等特点。由于地质灾害往往造成严重的人员伤亡和巨大的经济损失,因此在自然灾害中占据突出位置。

根据地质灾害的定义,地质灾害的内涵包括两个方面,即致灾的动力条件和灾害引发的后果。地质灾害是由地质作用产生的,包括内动力地质作用和外动力地质作用。随着人类活动的不断扩大,人类对地球表面形态和物质组成的影响越来越大;因此,形成地质灾害的动力条件包括人类活动对地球表层系统的作用,即人为地质作用。如果地质过程只降低地质环境,不损害人的生命财产或影响人类生产和生活环境,只能称之为地质灾变。只有影响或破坏人类生命财产和生活环境的地质事件才是地质灾害。例如,在无人居住区域发生的坍塌和山体滑坡等不会对生命和人类财产造成损害,但是如果该类地质事件发生在社会经济发达地区,就会造成不同程度的财产损失和人员伤亡的,则称为地质灾害。

1.2.2 地质灾害的分类

根据不同原则,地质灾害一般划分为以下几种类型:

(1)按空间分布状况,地质灾害可分为陆地地质灾害和海洋地质灾害两个系统。陆地地质灾害又分为地面地质灾害和地下地质灾害,海洋地质灾害又分为海底地质灾害和水体地质灾害。

(2)按灾害的发生原因,地质灾害可分为自然动力类型、人为动力类型及复合动力类型。自然动力类型地质灾害可分为内动力和外动力亚类,人为动力类型地质灾害按人类活动的性质还可进一步细分。复合动力类型可分为内外动力复合亚类、人为内动力复合亚类、人为外动力复合亚类。以自然成因为主的地质灾害主要有火山、地震、泥石流、滑坡、崩塌、地裂缝、砂土液化、岩土膨胀、土壤冻融等。由人类活动诱发的地质灾害主要有水土流失、土地沙漠化、土壤盐碱化、地面沉降、地面塌陷、坑道突泥、突水等。

(3)按地质环境或地质体变化的速度不同可划分为突发性和缓慢性地质灾害两类。前者主要有火山、地震、泥石流、滑坡、崩塌等,后者主要有水土流失、土地沙漠化、土壤盐碱化等。

1.2.3 地质灾害的特征

尽管地质灾害的类型繁多,产生原因各异,分布广泛,但其活动、分布规律和危害性等方面存在一定的共性。

1.2.3.1 地质灾害的必然性与可防御性

地质灾害是地壳内部能量转移或地壳物质运动引起的。灾害发生后,能量和物质得以调整并达到短暂的、相对的平衡,随着地球的不断运动,物质和能量又会出现新的不平衡。因此,地质灾害是伴随地球运动而产生的并与人类共存的必然现象。然而,人类在地质灾害面前并非无能为力,通过揭示地质灾害的发生机制和分布规律,进行科学的预测预报预警和采取适当的防治措施,就可以进行有效的灾害防御,减轻或避免灾害造成的社会经济损失。

1.2.3.2 地质灾害的随机性和周期性

地质灾害是在多种动力作用下形成的,其影响因素是复杂的和多样的,地质灾害发生的时间、地点和强度等具有很大的不确定性,因此地质灾害是复杂的随机事件。但是受地质作用周期性规律的影响,地质灾害往往也表现出周期性特征。如地震活动具有平静期与活跃期,泥石流、滑坡和崩塌等地质灾害的发生具有出明显的季节性规律,也表现一定的周期性。

1.2.3.3 地质灾害的突发性和渐进性

地质灾害的发生和持续时间具有突发性和渐进性的特征,突发性地质灾害具有骤然发生、历时短、爆发力强、成灾快、危害大等特征,如地震、火山、滑坡、崩塌、泥石流等。渐进性地质灾害则发生缓慢、持续时间长、危害性相对较缓,如土地荒漠化、水土流失、地面沉降、煤田自燃等。渐进性地质灾害的危害程度逐步加重。另外,由于其涉及范围广、持续时间长,尽管不会在瞬间摧毁建筑物或造成人员伤亡,但其对生态环境的影响较大,所造成的后果和损失比突发性灾害更为严重和不可逆。

1.2.3.4 地质灾害的群体性和诱发性

许多地质灾害不是孤立地发生或存在的,前一种灾害的结果可能是后一种灾害的诱因。在某些特定的区域内,地质灾害常常具有群发性的特点。崩塌、滑坡、泥石流、地裂缝等灾害的群体性和诱发性尤为突出。洪水或强震发生时,常常引发大量的崩塌、滑坡、泥石流或地裂缝灾害。例如,在泥石流频发的地区,通常发育有大量潜在的危岩体和滑体,暴雨后极易发生严重的崩塌和滑坡等活动,由此形成大量碎屑物融入洪流,进而转化成泥石流灾害。

1.2.3.5 地质灾害的成因多元性和原地复发性

不同类型地质灾害的成因各不相同,大多数地质灾害的成因具有多元性,受气候、地形地貌、地质构造、水文和人类活动等综合因素的制约。某些地质灾害具有原地复发性,例如,受自然和人为作用的影响,水土流失等就极易在同一地区反复出现。

1.2.3.6 地质灾害的区域性

地质灾害的形成和发展往往受制于一定的区域条件,因此其空间分布经常呈现出一定的空间分布特征。

1.2.3.7 地质灾害的破坏性与建设性

地质灾害对人类社会经济环境造成的主要是多种形式的破坏,但有时地质灾害的发生也可对人类社会经济环境产生有益的作用。例如,山区陡峭斜坡地带发生的崩塌、滑坡可以为人类重构相对平缓的活动区域,人类可以在形成的滑坡台地上居住或种植农作物。

1.2.3.8 地质灾害影响的复杂性和严重性

地质灾害的发生、发展有其自身复杂的规律,对人类社会经济和生态环境的影响表现出复杂性的特征;重大的地质灾害常造成大量人员伤亡和人口迁移;受地质灾害周期性变化的影响,经济发展也相应地表现出一定的周期性特点;地质灾害地带性分布规律还导致经济发展的地区性不平衡。

1.2.3.9 地质灾害人为成因的日趋显著性

不合理的人类活动使地质环境日益恶化,导致大量地质灾害的发生。如超量开采地下水引起地面沉降、海水入侵和地下水污染;矿产资源的不合理开采和某些盲目实施的工程项目导致崩塌、滑坡、泥石流等灾害的频发等。除天然地震和火山喷发外,大多数地质灾害的发生均与人类经济活动有关,如全球滑坡灾害的70%与人类活动密切相关,超量的地下水开采通常出现在位于干旱区的经济带或者大型农业灌区。单纯人为作用引发的地质灾害越来越多、越来越大、越来越广,经济损失也愈加严重。

1.2.3.10 地质灾害防治的社会性和迫切性

地质灾害除造成直接社会经济损失外,例如人员伤亡,破坏房屋、铁路、公路、航道等工程设施,还会破坏生态环境,给灾区社会经济发展造成广泛而深远的影响。因此,有效地防治地质灾害不但对保护灾区人民生命财产安全具有重要的现实意义,而且关系到地区、国家乃至全球的可持续发展。

1.2.4　火山灾害

火山灾害是火山活动造成的自然灾害,属于岩石圈内动力驱动的地质灾害。世界上每年约有 50 次火山爆发,其中大部分不会形成火山灾害。当一座火山爆发时,岩浆将吞噬地面上的所有物体,包括人、其他生物、各种设施,并引发一系列其他灾害,如海啸、山体滑坡、洪水、有毒气体扩散、颗粒扩散等,对人类社会经济活动及生态环境造成多重危险。世界上有三个强烈的火山活动区域,一是环太平洋地区的火山带,从中国的台湾地区到北部,中国台湾地区向北经日本群岛、千岛群岛、堪察加半岛、阿留申群岛到阿拉斯加,转南经北美和南美西岸,到达南极半岛,再折向北经新西兰、新赫布里底群岛,所罗门群岛直到菲律宾,即环绕太平洋沿岸及其邻近岛屿,被称为"火环";二是地中海—印度尼西亚火山带,西起地中海,经高加索、喜马拉雅山到印度尼西亚的东西向火山分布带;三是洋中脊火山带,即沿太平洋、大西洋、印度洋之洋中脊也是活火山或近期火山较多的地带,如冰岛、亚速尔群岛等地的火山皆位于此带上。

根据火山灾害的危害差异,可以将其划分为火山直接灾害、火山衍生灾害及火山环境灾害。火山爆发的直接致灾方式有火山泥石流、火山碎屑流、火山熔岩流、火山灰云和有毒性气体排放等。火山喷发可诱发地震、海啸、爆炸、火灾、崩塌等次生自然灾害,加剧了对建筑物、道路、桥梁和城市设施等及农田、森林等生态环境的破坏程度,造成严重的人员伤亡和财产损失。另外,火山喷发还能将大量火山灰和气体物质注入大气对流层上部或平流层,进入大气环流对全球环境产生不良的影响。

在火山灾害研究中,一般将火山划分为死火山、休眠火山和活火山。死火山是指保留火山形态和物质,但在人类历史上至今从未活动过的火山;休眠火山是指那些在人类历史上曾经有过活动但现今一直处于未活动状态的火山;活火山是现在还在活动或有明显活动迹象的火山,是最危险的火山类型。

总之,火山活动是地下的岩浆沿地壳中的裂隙通道或地壳的薄弱环节喷出地表的一种自然现象,其主要环绕太平洋火山环带分布。火山活动是地球上剧烈而壮观的地质灾害,其喷发的熔岩、火山灰、火山碎屑、有害气体、火山泥流以及其突发性,给人类社会和生态环境带来巨大灾害,也常引起邻近地区的气候异常。然而,长期以来火山爆发对人类的益处还是远大于坏处,如带来肥沃的土壤、有价值的矿藏以及优美的景观等。火山爆发的许多相似特征有利于人类的预测预警研究,对火山地区进行风险程度评价有利于合理安排火山区的土地利用。

1.2.5　地震灾害

地震是指地壳任何部分的快速颤动,是地壳运动的特殊形式。地下发生地震的地方称为震源,震源在地面上的垂直投影称为震中,从震源到震中的距离称为震源深度。地震可划分为浅源地震(震源深度 0~70 km)、中源地震(震源深度 70~300 km)和深源地震(震源深度大于 300 km)。地震灾害的危害程度常用地震效应和地震烈度来表示。地震效应是指地震所产生直接或间接快速颤动的后果,反映了地震的强度。衡量地震效应的指标主要有由地震引起的地表位移和断裂,地震所造成的建筑物和地面的毁坏(如地面倾斜、不均匀沉降、土壤液化和滑坡等)程度以及水面的异常波动(如海啸)程度等,地震效应是地震的破坏力、地质条件和人类活动三者之间相互影响的结果。地震烈度是指地震所造成的破坏程度。烈度根据多种因素综合确定,例如人们的感觉、物体的震动情况、各类建筑物的破坏程度、地面变形和破坏情况等。我国及世界上多数国家采用12级烈度表,将最高地震烈度定为12度。尽管一次地震的震级是确定的,但距离震源远近不同的地区,感受到地震强烈程度是不同的,所以在不同地区地震烈度是不同的。一般而言,距离震中越远的地区,地震烈度越低。按照引发地震的直接成因,可将地震划分为如下类型。

1.2.5.1　构造地震

由地壳的机械运动使刚性岩块发生突然断裂而引起的地震。产生的背景是岩石圈板块的相对运动,因运动阻抗而使应力集中,当其超过岩石强度时便引起岩石破裂,积聚的应力于瞬间快速释放使断裂的岩层发生弹性回跳,从而发生地震。这是最主要的也是危害最大的一类地震。

1.2.5.2　火山地震

火山地震指与火山喷发有明显成因联系的地震。此类地震占地震总数的7%,多分布于火山活动地区,范围比较局限。

1.2.5.3　陷落地震

陷落地震指在岩溶发育地区,溶洞顶部岩石崩塌而引起的地震或者在地势陡峭的山区,由于山崩或大型滑坡的发生引起的地震。陷落地震数量少,范围有限,并且造成的危害远小于其他类型地震。

1.2.5.4　诱发地震

诱发地震指在某种诱发因素的作用下,局部地区的地应力强度达到临界状态,进而造成岩层或土体失稳而导致的地震。

地震的空间分布与地壳各大板块之间的边界基本一致,集中于以下几个可称为地震带的地区:环太平洋地震带(沿太平洋板块边界上的岛弧—海沟带分布,是全球地震最多的地区);阿尔卑斯—喜马拉雅—印度尼西亚地震带(分布于中亚板块、非洲板块和印度板块的结合带);大洋中脊和大陆裂谷地震带(多分布在各大洋的洋中脊和各大陆的裂谷带上);大陆板块内部地震带(地震多集中于板块内部的活动断层带及其附近地区)。

总之,地震是最可怕的自然灾害。地震时常发生,只是有些小型地震人类无法感知。地球上地震的分布与板块构造边界的分布非常一致,常常起因于地壳中地层的错位移动和能量的突然释放。人类的活动也能够诱发地震,如水库蓄水、井下灌水、开采矿藏等都可能引起地震。地震前兆微妙且具有突发性,由地震衍生的灾难性影响,以及建筑物由于地震影响而倒塌带来的影响是灾难性的。不仅包括建筑物的变形倒塌,还包括伴生灾害如海啸、火山爆发、滑坡等。由于地震而导致地貌与水生环境的改变也是地震灾害之一。我国地处环太平洋带和地中海—喜马拉雅带之间,多发的地震给我国带来了巨大的灾难。在占全球7%的国土上,我国是大陆地震最多的国家,发生了全球33%的大陆地震。然而,地震的预报与抑制研究却是极为艰辛的,尽管地震科学家长期坚持不懈、孜孜不倦地记录、描述和探索着地震活动,但对地震的成因机制及其形成过程和影响因素等仍知之甚少。值得一提的是,地震前兆尤其动物在震前的反常行为曾为我国成功预报三次7级以上地震做出了巨大贡献。在地震抑制工作上,不能忽视的是地震安全性评价。

1.2.6　滑坡灾害

滑坡是指浸湿的土体、岩体或碎屑堆积物,在重力作用下沿一定的滑动面整体下滑的现象,是山地丘陵地区常见的一种地质灾害。按照成因关系,可分为自然滑坡、岸坡滑坡、矿山滑坡和路堑滑坡四种。滑坡的孕育和发生与人类活动关系密切,滑坡作为一种自然灾害,可对人类生命财产造成直接的危害;反之,人类活动又促成和加剧了滑坡的形成。滑坡发生以后,可以单独成灾而摧毁公路、铁路、厂房,堵塞河道,阻断航行,淹没村落等,也可作为其他灾害的次生灾害而加重灾情。滑坡的发生和发展过程中起决定作用的是坡面上存在着易于滑动的物质(滑坡体),其下部出现易于滑动的不连续面(滑动面),以及前沿发育有允许其向前滑动的有效临空面。在稳定性差、高差大和倾斜岩层的斜坡地带,新构造运动活跃的断裂地区,以及岩土体破碎与风化强烈、软硬岩层分层明显、地下水变动幅度大的地区,都是滑坡发育的有利地区。地表水的冲刷、渗透、浸泡和润滑作用,地震与火山爆发,人工开挖坡脚和在坡面上兴建各种建筑物等,都能促使滑坡失稳滑动。

1.2.7　崩塌灾害

1.2.7.1　崩塌的特征

崩塌是指陡峭斜坡上的岩块、土体在重力作用下发生突然的、快速的下移运动,其形式主要有散落、坠落及翻落等。崩塌与滑坡的驱动因素类似,也是受重力作用,但是崩塌发育的条件更具有局限性,只有当大多数的滑坡条件得到满足之后,并且要具备陡峻的坡度、高倾角的裂隙和较大的地形高差,才有可能形成。崩塌表现为岩块(或土体)顺坡猛烈地翻滚和跳跃,并相互撞击,最后堆积于坡脚,形成倒石堆。崩塌体脱离母岩而运动,下落过程中崩塌体自身的整体性遭到破坏,崩塌物的垂直位移大于水平位移。具有崩塌前兆的不稳定岩体称为危岩体。根据崩塌物质的不同,可分为土崩和岩崩。按其规模大小不同,又可分山崩和坠落石,如这种现象发生在海、湖、河岸边,则称为岸崩。崩塌的主要特征为下落速度快、发生突然及危害性大等。

1.2.7.2　崩塌的形成条件

崩塌是在特定自然条件下形成的。地形地貌、地层岩性和地质构造是崩塌的物质基础;降雨、地下水作用、振动力、风化作用以及人类活动是崩塌形成的主要驱动因子。

1.地形地貌

从区域地貌条件看,崩塌形成于山地、高原地区;从局部地形看,崩塌多发于高陡斜坡处,如峡谷陡坡、冲沟岸坡和深切河谷的凹岸等地带。崩塌的形成需要有适宜的高度、形态、斜坡坡度以及有利于岩土体崩落的凌空面。崩塌多发于坡度陡、高度大、坡面凹凸不平的陡峻斜坡上。

2.地层岩性与岩体结构

岩性对岩质边坡的崩塌具有明显的控制作用。块状、厚层状的坚硬脆性岩石常形成较陡峻的边坡。若较软的岩石在下而较硬的岩石在上,下部软岩风化剥蚀后,上部坚硬岩体极易发生大规模的倾倒式崩塌;若较软结构面的倾向与坡向相同,则极易发生大规模的崩塌。

土质边坡主要表现为坍塌,包括溜塌、滑塌和堆塌。按土质类型,稳定性从差到好的顺序为:结构面发育土砂 < 黏土 < 黏砂土 < 碎石土;按土的密实程度,稳定性由小到大的顺序为:松散土 < 中密土 < 密实土。

3.地质构造

断裂和褶皱构造对崩塌具有明显的控制作用,与区域性断裂平行的陡峭斜坡、几组断裂线交汇的峡谷区、断层密集分布的陡坡地带以及岩层变形强烈的褶皱核部均可产生较大规模的崩塌。在褶皱两翼,当岩层倾向与坡向相同时,易产生滑移式崩塌;特别是当岩层构造节理发育且有较软夹层存在时,可能形成大型滑移式崩塌。

4.地下水

地下水对崩塌的影响表现为充满裂隙的地下水及其流动对潜在崩塌体产生的静水压力和动水压力;裂隙充填物在水的浸泡下抗剪强度大大降低;充满裂隙的地下水对潜在崩落体产生向上的顶托力;地下水还降低了潜在崩塌体与稳定岩体之间的摩擦力。

5.地振动

地震、人工爆破和列车行进时产生的振动可能诱发崩塌。地震时,地壳的强烈震动可使边坡岩体中各种结构面的强度降低,甚至改变整个边坡的稳定性,从而导致崩塌的产生。

6.人类活动

修建铁路或公路、采石、露天开矿等人类大型工程活动常使自然边坡的坡度变陡,从而诱发崩塌。当勘测设计不合理或施工措施不当时,更易产生崩塌。施工中采用大爆破的方法使边坡岩体受到振动而发生崩塌的事例屡见不鲜。

1.2.7.3 崩塌的类型及其形成机制

崩塌是岩体长期蠕变并最终发生破坏的结果。崩塌体的大小、物质组成、结构构造、活动方式、运动途径、堆积情况和破坏能量等虽然千差万别,但崩塌的产生都是按照一定的模式孕育和发展的。按崩塌发生时受力状况和力学机制的不同,可将其分为倾倒式崩塌、滑移式崩塌、鼓胀式崩塌、拉裂式崩塌和错断式崩塌五种。不同类型的崩塌在岩性、结构面特征、地貌、崩塌体形状、岩体受力状态、起始运动形式和主要影响因素等方面都有各自的特点。在一定条件下,可能出现一些过渡类型,如鼓胀-滑移式崩塌、鼓胀-倾倒式崩塌等。

1.倾倒崩塌

垂直节理或裂隙发育的岩石陡坡横向稳定性较差。如果坡脚遭受不断地冲刷掏蚀,重力作用下或有较大水平力作用时,岩体因重心外移倾倒产生突然崩塌。其特点是崩塌体失稳时,以坡脚的某一点为支点发生倾倒。

2.滑移崩塌

临近斜坡的岩体内存在较软结构面时,若其倾向与坡向相同,则较软结构面上覆的岩体在重力作用下具有向凌空面滑移的趋势。一旦不稳定岩体的重心滑出陡坡,就会产生崩塌。地下水的静、动水压力及其对较软面的润湿作用和地震是岩体发生滑移崩塌的主要诱因。

3.鼓胀崩塌

边坡附近若存在垂直节理发育的软弱岩层,当降雨或地下水使下部岩层软化时,上部岩体重力产生的压应力超过软岩的抗压强度后即被挤出,发生向外鼓胀,一旦重心移出坡外即产生崩塌。

4.拉裂崩塌

当陡坡由软硬相间的岩层组成时,由于风化作用或河流的冲刷掏蚀作用,上部坚硬岩层在断面上常常突悬出来。当拉应力超过岩石的抗拉强度时,拉张裂缝就会迅速发展,最终导致突出的岩体突然崩落。重力、震动力和风化作用(特别是寒冷地区的冰劈作用)等都会促进拉裂崩塌的发生。

5.错断崩塌

陡坡上长柱状或板状的不稳定岩体,当无倾向坡外的不连续面和较软岩层时,一般不会发生滑移崩塌和鼓胀崩塌。但是在某些因素作用下,可能使长柱或板状不稳定岩体的下部被剪断,从而发生错断崩塌。地壳上升、流水下切作用加强以及凌空面高差加大等都会导致长柱状或板状岩体在坡脚处产生较大的自重剪应力,从而发生错断崩塌。人工开挖的边坡过高过陡也会使下部岩体被剪断,从而发生崩塌。

总之,崩塌、滑坡和泥石流是一种常见的、典型的地球物质重力运动,随着人口的膨胀、资源开发利用以及工程建设,它们对人类生命财产构成了巨大威胁,全球每年因此而造成的经济损失巨大。岩土块体运动的成因与地球物质组成、结构和构造有密切的关系,而地貌与外部的触发因素也是影响斜坡稳定的重要因素,如过多的雨水、人类的建设工程(如公路桥梁建设、山坡开发、大坝与水库建设、矿山开采等)。关于滑坡的概念,国外对其界定内涵较宽,是对岩土体下落、滑动和流动的总称,而我国针对斜坡岩土位移则细分为崩塌、滑坡与泥石流。当前对于滑坡的预报与防治技术发展迅速,主要着重于改变内在制约因素,避免外在环境诱因等。然而,准确的预报则是十分困难的。防治首先考虑合理避让,对于某些不能避让的情况,防治措施可归纳为"排、拦、稳、固"。

1.2.8 泥石流灾害

泥石流是一种含有大量泥沙石等固体物质,突然爆发、历时短及来势猛的具有强大破坏力的特殊洪流。泥石流中泥沙石体积一般占总体积的 15% 以上,最高可达 80%,其体积密度一般为 1 300 ~ 2 300 kg/m³。泥石流的性质和流态都不稳定,常随固体物质在流体中的相对含量、固体物质的组分和颗粒大小、河床形态和坡度的变化而变化。此外,还随运动过程中时间和地点的不同而变化。泥石流的分类相对比较统一,根据固体物质的组分特征,泥石流可划分为稀性泥石流和黏性泥石流两大类。稀性泥石流的体积密度一般为 1 300 ~ 1 700 kg/m³,黏性泥石流的体积密度则大于 1 700 kg/m³,在这两者之间还可以细分出一些过渡类型。泥石流多发生在新构造运动强烈、地震烈度较大的山区沟谷中,这些地区的沟谷坡度多陡峭,流域内崩塌滑坡作用频繁,松散物质丰富,在暴雨季节又有充足水源,使土屑饱和进而达到流塑状态,最终导致泥石流的形成。泥石流的发育有三个前提:顺坡堆积的大量碎屑物质,在瞬间集聚的超量水源,山高谷深的地貌条件。泥石流的发生除与松散固体物质条件和地貌条件有着密切的关系外,水流也是泥石流发生的必要条件之一,水流作为泥石流的重要组分,同时起着搬运介质的作用。在不同自然环境条件下,作为泥石流发生的必要水动力条件有暴雨、冰雪融化和溃决等,其中特大暴雨是泥石流暴发的主要动力条件。泥石流也可因为其他灾害的引发而作为伴生灾害出现。泥石流的成灾主要是由集中冲刷、撞击磨蚀和漫流壅积作用而造成的。泥石流的运动具有阵发性,其固体物质的组成和流体黏度决定了它的流态。稀性泥石流的固体组分多由粗粒物组成,故体积密度和流体黏度皆小,以紊流为主;黏性泥石流含细粒物多,体积密度与黏度均大,搬运能力强,具整体运动的特点。但无论稀性或黏性泥石流,其运动都具有直进性特征,黏度越大,其直进性越强。遇到急弯沟岸或障碍物就会进行猛烈地冲击,使之被破坏甚至摧毁。此外,泥石流的改道对沟谷有裁弯取直的作用,从而影响到地表径流的稳定性。正是由于泥石流这种特殊的运动特征,使其具有很强的危害性和破坏性。

1.2.9 地面塌陷灾害

1.2.9.1 地面塌陷的概念和类型

地面塌陷是地面垂直变形破坏的一种形式,是由地质环境中存在天然洞穴或人工采掘活动所留下的矿洞、巷道或采空区而引起的,其地面表现形式是局部范围内地表岩土体的开裂、不均匀下沉和突然陷落。地面塌陷的平面范围与地下采空区的面积、有效闭合量或洞穴容量等有关,一般可由几平方米到几平方千米或更大一些。地面塌陷可分为天然地面塌陷和人为地面塌陷两类,如果地面塌陷发生在岩溶地区,则称为岩溶地面塌陷;反之,则为非岩溶地面塌陷,后者主要有黄土塌陷、火山熔岩塌陷和冻土塌陷等类型。人为地面塌陷主要是由地下采矿、过量抽取地下水、地面加载或振动而诱发形成的。岩溶地面塌陷是一种常见的自然动力地质现象,多发生于碳酸盐岩、钙质碎屑岩和蒸发岩等可溶性岩石分布地区。因此,本节主要叙述岩溶地面塌陷的影响因素、形成机制、危害方式和防治措施。

1.2.9.2 岩溶地面塌陷的影响因素

岩溶地面塌陷是指覆盖在溶蚀洞穴发育的可溶性岩层之上的松散土石体,在外动力因素作用下发生的地面变形破坏。其表现形式以塌陷为主,并多呈圆锥形塌陷坑。塌陷的直接诱因有降雨、洪水、干旱、地震以及抽水、排水、蓄水等人类活动,因抽水而引发塌陷的发生概率最大。

自然条件下产生的岩溶塌陷一般规模小,发展速度慢,不会给人类生活带来较大的影响。但在人类工程活动中产生的岩溶塌陷规模较大,突发性强,且常出现在人口聚集地区,给地面建筑物和人身安全造成严重威胁,形成地区性的环境地质灾害。

1.2.9.3 岩溶地面塌陷的形成

岩溶洞穴或溶蚀裂隙的存在及上覆土层的不稳定性是塌陷产生的物质基础,地下水对土层的侵蚀搬运作用是引起塌陷的动力条件。自然条件下,地下水对岩溶洞隙充填物质和上覆土层的侵蚀作用也存在;人为抽采地下水,对岩溶洞隙充填物和上覆土层的侵蚀搬运作用大大加强,促进了地面塌陷的发生和发展。此类塌陷的形成过程大体可分为如下四个阶段:

(1)在抽水、排水过程中,地下水位降低,水对上覆土层的顶托力减小,水力坡度增大,水流速度加快,水的侵蚀作用加强。溶洞充填物在地下水的侵蚀、搬运作用下被带走,松散层底部土体下落、流失而出现拱形崩落,形成隐伏土洞。

(2)隐伏土洞在地下水持续的动水压力及上覆土体的自重作用下形成土体的崩落和迁移,洞体不断向上扩展,引起地面沉降。

(3)地下水不断侵蚀、搬运崩落体,而隐伏土洞继续向上扩展。当上覆土体的自重压力逐渐接近洞体的极限抗压抗剪强度时,地面沉降加剧,在张性压力作用下,地面产生开裂。

(4)当上覆土体自重压力超过了洞体的极限抗压、抗剪强度时,地面产生塌陷,同时在其周围伴生有开裂现象。这是因为土体在向下塌落的过程中,不但在垂直方向产生剪切应力,还在水平方向产生张力所致。

1.2.9.4　岩溶地面塌陷的分布规律

1.塌陷多产生于岩溶强烈发育区

许多岩溶矿区的资料说明,浅部岩溶愈发育,富水性愈强,地面塌陷愈多,规模愈大。

2.塌陷主要分布在第四系松散盖层较薄地段

地面塌陷的分布,受第四系厚度和岩性的控制。在其他条件相同的情况下,盖层愈厚,成岩程度愈高,塌陷愈不易产生。相反,盖层薄且结构松散的地区,则易形成地面塌陷。

3.塌陷多分布在河床两侧及地形低洼地段

这些地区的地表水和地下水容易汇集并进行强烈交替,在自然条件下就可能发生侵蚀作用形成土洞,进而产生地面塌陷。

4.塌陷常分布在降落漏斗中心附近

由采、排地下水而引起的大量的地面塌陷,绝大部分产生在地下水降落漏斗影响半径范围以内,尤其分布在近降落漏斗中心及地下水的主要径流方向上。

1.2.9.5　岩溶地面塌陷的危害

岩溶地面塌陷的危害主要包括三方面:一是影响水资源开发利用、地下水资源开发利用及矿产资源开发利用;二是污染地下水、破坏地表径流、改变水循环条件、破坏地表形态、加剧土地荒漠化及影响城乡居民生产生活环境;三是诱发各类自然灾害、毁坏水库大坝、诱发洪水灾害、威胁道路桥梁安全、破坏矿山设施、毁坏建筑设施,甚至危害人身生命安全等。

1.2.10　地裂缝灾害

在自然因素和人为因素作用下,地表岩土体产生开裂并在地面形成一定长度和宽度裂缝的现象,称为地裂缝。地裂缝一般产生在第四系松散沉积物中,与地面沉降不同,地裂缝的分布没有很强的空间分布规律,成因也比较多。如果地裂缝产生在人类活动区,特别是人口集中经济发达的城市,则会造成严重的社会经济危害。

1.2.10.1　地裂缝的特征

地裂缝的特征主要表现为发育的方向性与延展性、渐进性、灾害不均一性及周期性。

1.地裂缝发育的方向性与延展性

地裂缝常沿一定方向延伸,在同一地区发育的多条地裂缝延伸方向大致相同,在平面上一般呈直线状、雁行状或锯齿状条带状分布。

2.地裂缝灾害的渐进性

地裂缝灾害是因地裂缝的缓慢蠕动扩展而逐渐加剧的。因此,随着时间的推移,其影响和破坏程度日益加重,最后可能导致房屋及建筑物的破坏和倒塌。

3.地裂缝灾害的不均一性

地裂缝以相对差异沉降为主,其次为水平拉张和错动。地裂缝的灾害效应在横向上由主裂缝向两侧致灾强度逐渐减弱,且地裂缝两侧的影响宽度以及对建筑物的破坏程度具有明显的非对称性。同一条地裂缝的不同部位,地裂缝活动强度及破坏程度也有差别,在转折和错位处相对较重,显示出不均一性。

4.地裂缝灾害的周期性

地裂缝活动受区域构造运动及人类活动的影响,因此在时间序列上表现出一定的周期性。当区域构造运动剧烈或地下水过量开采时,地裂缝活动趋于加剧,致灾作用增强;反之则减弱。

1.2.10.2　地裂缝的成因和类型

地裂缝是累进性发展的渐进性灾害。按其成因可分为两大类:一种是内动力形成的构造地裂缝,如地震裂缝、基底断裂活动地裂缝及隐伏裂隙开启裂缝等;另一种是非构造型,即外动力作用形成的地裂缝,如松散土体潜蚀地裂缝、黄土湿陷地裂缝、膨胀土胀缩地裂缝及滑坡地裂缝等。构造地裂缝的延伸稳定,不受地表地形、岩土性质和其他地质条件影响,可切错山脊、陡坎、河流阶地等线状地貌。构造地裂缝的活动,具有明显的继承性和周期性。构造地裂缝在平面上常呈断续的折线状、锯齿状或雁行状排列;在剖面上近于直立,呈阶梯状、地堑状、地垒状排列。

1.3　常见水文气象灾害

水文气象灾害是指因大气圈的气象要素和天气过程或水圈的水文要素及水文过程的反常变化给人类生产生活造成危害的自然灾害,是当今世界发生频率高、影响范围大、对大空间尺度生态环境质量破坏较大的自然灾害之一,其主要类型包括洪灾、旱灾、雪灾、雹灾、寒潮、霜冻、沙尘暴及龙卷风等。

1.3.1　洪涝灾害

洪涝灾害包括洪灾和涝灾。洪灾是指因大雨、暴雨或大量积雪快速融化而引起的山洪暴发,河水泛滥,从而淹没农田园林和毁坏村庄、农业基础设施和交通通信设施等的现象。涝灾是指由于当年降水量比常年显著偏多,造成农田积水,危害农作物正常生长发育的现象,区域发生涝灾的频繁程度与该地降水量的变化率的大小密切相关。根据区域水量程度,还可以将洪涝灾害细分为洪水、涝害和湿害三种。其中洪水是指大雨、暴雨引起的山洪暴发、河水泛滥,从而淹没农田园林和毁坏村庄、农业基础设施及交通通信设施等。

另外,在沿海地区的某些河流入海口区域,由于海啸、海潮、海水倒灌也会引发洪水灾害。涝害是指雨量过大或过于集中,造成农田积水,使旱田作物受到损害,但是由于没有大量降雨,农田水的深度较小,不会淹没农作物,对水田作物影响不大;在冬季积雪较多的地区,春季随着气温的升高,地表大量积雪开始融化,而土壤下层还处于冻结状态,融雪水难以入渗进入土壤下层,也会发生涝害。湿害是指阴雨时间过长,雨水过多,或者洪、涝害之后,地表排水不畅,使土壤水含水量长期处于过饱和状态,致使农作物根系因缺氧而受到伤害的现象。

洪涝灾害的发生受到多因素控制,与季节性区域降水量、流域地理位置、地貌、河道类型及形态、植被分布及人类活动等都有关联。但主要受气候变化、流域地貌特征和河流水文变迁等因素的制约。气候变化对洪涝灾害的形成的影响可以概括为上游控制与下游控制两种不同的效应。上游控制主要指由河道上游来流和河水含沙量变化对河流中、下游地区产生的控制作用;下游控制则等同于侵蚀基准面变化的影响。在气候干燥期降水减少,上游来水量及其泥沙含量均同步减少;气候湿润期上游高山区冰雪融化加快,上游来水量及其泥沙含量也随之增加。可见气候干湿变化的影响主要是改变了河流的来水量及其泥沙含量,故可称之为上游控制作用。另外,在气候寒冷期,因地表水结冰率增加,使地表水循环过程及其通量减少,侵蚀基准面随之下降,河床比降增大,河流的冲蚀作用相应增强,致使河道被顺向加长,河床加深,可容纳更大的上游水量;反之,在气候温暖期,冰雪融化过程增强,侵蚀基准面被抬高,河床比降减小,河流的冲蚀作用减弱,抬高河床淤积,导致河道行洪能力下降。可见,气候冷暖变化的效果是一种下游控制作用。

人类活动对洪涝灾害有重要的影响。例如,过度砍伐和垦荒造成强烈的水土流失,超量泥沙冲入河流,使河流自身的调节能力减弱甚至丧失、河床被淤高阻塞;如果河流沿岸的蓄洪湖泊被填平造地,也会造成河流正常泄洪能力的萎缩或上下游行洪能力倒挂,使洪水灾害的发生更为频繁。然而,拦江大坝的建设不仅可以利用水力发电,还在一定程度上起到削峰补平减轻洪水灾害的作用。

1.3.2 干旱灾害

干旱灾害是指农业气象灾害导致长时间降水量减少,导致空气干燥,土壤缺水,影响作物正常生长发育,使得产量减少的一种灾害。在气象学中,干旱气候是指年最大可能蒸发量与年降水量比值(年均干燥度)大于 3.5 的一种气候。干旱灾害是指特定年份(月份)的降水量远远低于多年(月)的平均降水量。干旱灾害的发生可遍及各地,干旱和半干旱气候区以及湿润和半湿润地区都可能发生干旱灾害。

1.3.3 沙尘暴灾害

沙尘暴是由风沙相互作用形成的一种灾害性天气现象,其形成与全球变暖、厄尔尼诺现象、森林减少、草原退化、植被破坏和气候异常等密不可分。其中,土地资源的过度开发、人口过剩造成的过度砍伐和过度放牧是沙尘暴频发的主要原因。暴露和松散的土壤材料很容易被风卷起并悬浮在空气中形成灰尘。其悬浮高度距地表可达 1 000~2 500 m,严重时可达 3 000 m,是形成沙尘暴甚至强沙尘暴的重要机制。在大气环流的背景下,沙尘气溶胶可以运输到其下风向千米以外的人口稠密和经济发达的地区、城市和国家。这种影响不仅是一个简单的区域环境问题,而且涉及社会经济的多个领域。

沙尘暴作为一种高强度风沙和沙尘天气过程,主要发生在气候干旱或者季节性干旱且植被稀疏的地区。沙尘天气划分为浮尘、扬沙、沙尘暴和强沙尘暴四种类型。其中浮尘是指在无风或风力较小的情况下,尘土、细沙均匀地浮游在空中,使水平能见度小于 10 km 的天气现象;扬沙是指风力将地面尘沙吹起,使空气相当浑浊,水平能见度在 1~10 km 以内的天气现象;沙尘暴是指强风将地面大量尘沙吹起,使空气十分浑浊,水平能见度小于 1 km 的天气现象;强沙尘暴则是指大风将地面尘沙吹起,使空气极端浑浊,水平能见度小于 500 m 的天气现象。

形成沙尘暴灾害的基本条件是有干燥寒冷的大风或强风,同时大风或强风过境区域地表有干燥松散的土壤物质即沙尘物质(其颗粒直径为 0.002~0.063 mm),而且区域具有不稳定的大气流场。其中强风是驱动沙尘暴产生的动力,干燥松散的土壤物质是沙尘暴形成的物质基础,而不稳定的热力条件或大气流场是加速沙尘暴形成和传播的重要条件。沙尘暴主要发生在沙漠及其临近的干旱、半干旱及季风性气候的半湿润地区。世界范围内沙尘暴频发区主要位于中亚、北美、中非和澳大利亚,而在我国沙尘暴则主要分布在西北及华北大部分地区。沙尘暴灾害对生态系统的破坏力极强,它能够加速土地荒漠化,造成较为严重的大气污染,威胁人类健康及生命安全,对交通、通信、供电、农业等产业带来多种负面影响。具体表现为:强风挟带大量细沙粉尘摧毁建筑物及公用设施,危害人畜健康与安全;在沙尘暴过境的区域强大的风沙流可以将农田、渠道、村舍、铁路、草场等掩埋;造成能见度下降,对交通运输造成严重威胁;造成不同程度的风蚀危害;造成农田和草场土壤养分的大量流失和土壤性状恶化,使土地生产力降低;同时造成大区域大气严重污染(其主要污染物为总悬浮颗粒物)。

1.4 常见海洋灾害

海岸环境是地球上最为剧烈的水动力场之一。海洋风暴引起的波浪沿海岸线传递并扩散能量,同时伴随着海岸线外形的差异,产生不同程度的海岸侵蚀。在波浪的作用下,由河流搬运而来的沙砾在海岸带沉积,在海岸带的岩石风化与波浪侵蚀的作用下形成海滩。

因海水异常运动或海洋环境异常变化引起的主要发生在海洋和沿海地区的自然灾害称为海洋灾害。其种类繁多,主要包括热带气旋(太平洋沿岸称为台风,大西洋沿岸称为飓风)、海啸、风暴潮、海岸侵蚀、赤潮、厄尔尼诺、海底火山喷发、海底滑坡等。

1.4.1 热带气旋灾害

热带气旋在太平洋沿岸等地被称为台风,而在大西洋沿岸则被称为飓风。台风或飓风产生于热带气流紊乱带,通常进入陆地后消散。这些风暴的风速超过 119 km/h,呈螺旋状围绕着一个相对宁静的中心运动。据以往记录,时速达 119 km/h 甚至更大的风暴经过某一地区时,其直径约为 160 km;如果时速超过 150 km/h,形成的直径约 640 km。大多数的台风或飓风在北纬 8° 至南纬 15° 之间海水温度较高的地区形成。

形成于太平洋西北部的强烈热带气旋通常称为台风。我国中央气象局规定：最大风力达 6 级及以上的热带气旋统称为台风，其中最大风力 6~7 级称为弱台风，其破坏范围宽度约为 25 km；最大风力 8~11 级称为台风，其破坏范围宽度大致在 80~160 km；最大风力 12 级以上称为强台风，其破坏范围宽度可达 500 km。台风的形成主要是由于低纬度洋面上局部湿热空气大规模上升释放潜热，低层空气向中心流动，在地球自转偏向力作用下形成的空气旋涡，其直径为 200~1 000 km，其中心称为台风眼，直径为 10~60 km。

西北太平洋以热带气旋灾害多而驰名。据统计，全球热带海洋上每年发生 80 多个热带气旋，其中 75% 左右的热带气旋发生于北半球的海洋上，而靠近中国的西北太平洋则占了全球热带气旋总数的 38%，其中对中国危害大并酿成灾害的热带气旋每年大约有 20 个，登陆的平均每年占 8 个，约为美国的 4 倍、日本的 2 倍、俄罗斯的 30 倍。热带气旋作为一种自然天气过程，对人类社会的影响具有两面性。若登陆的台风偏少，则会导致中国东部、南部地区干旱和农作物减产；然而登陆的台风偏多，在海上不仅能引起海洋及海岸灾害，在陆地上还会酿成暴雨洪水，引发滑坡、泥石流等地质灾害。

热带气旋引发的次生危害主要包括风灾、洪涝灾害、风暴潮灾害及其衍生灾害。台风带来的狂风可以倾覆海面和江河湖面上的船只，危害渔业生产和水上交通，摧毁房屋等地面建筑设施，吹倒大树，毁坏农作物等；台风引起的暴雨和特大暴雨，其短时间的降雨量可达 500~600 mm，甚至超过 1 000 mm，能形成山洪、滑坡、泥石流和城市内涝，冲垮水库大坝及河湖围堤，中断交通，造成人畜伤亡；台风造成的风暴潮一般是指强烈的大气风暴所引起的强风和气压骤变而导致的海面水位异常涌升现象，台风在广阔海面上所形成的风暴潮能使海水上涨 5 m 以上，大浪与风暴潮的巨大的侵蚀力可以在几小时内冲刷海滩达 9~15 m 之远，而风暴潮叠加造成的汹涌巨浪能冲垮海堤，使海水倒灌，淹没农田；台风带来的巨大风力、大暴雨或特大暴雨及其形成的巨大洪流可以摧毁地面基础设施，导致许多环境污染物的泄漏和扩散，也会造成巨大严重的环境污染。总之，台风灾害不仅造成巨大经济损失，也经常造成严重的人员伤亡。

1.4.2　海啸灾害

海啸是指由海底地震、海底火山喷发、海底滑坡与塌陷等活动引起的波长可达数百千米、具有强大破坏力的海洋巨浪。海啸是一种巨大的海水波浪运动，在广阔大洋传播过程中，波高很小，波长很长，不易被觉察，但是当海啸波进入沿海大陆架，由于海水深度变浅，能量发生集中，使海浪波高突然增大（波高可增至数十米），可形成狂涛骇浪，汹涌澎湃的海浪冲上陆地以后，给人类生命财产安全造成巨大损失。

海啸是一种灾难性的海浪，通常由震源在海底 50 km 以内、里氏 6.5 级以上的海底地震引起，水下或沿岸山崩或火山爆发也可能引起海啸。在一次震动之后，震荡波在海面上以波浪形式不断扩大，可以传播到很远的距离。海啸波长甚至比海洋的最大深度还要大一些，轨道运动在海底附近不会受到很大阻滞，所以无论海洋深度如何，震荡波都可以传播。目前，人类对地震、火山、海啸等突如其来的灾害，仍缺乏控制能力，只能通过观察和预测来预防或减少海啸造成的损失。

1.4.3 风暴潮灾害

风暴潮是指由于强烈的大气扰动(如强风、气压骤变等)所引起的海平面异常变化,使沿岸一定范围出现显著的水位上涨或者下降的现象,亦称为气象海啸或风暴海啸。在大潮期间,如遇强烈的风暴潮袭击,会造成大量海水倒灌,席卷码头、仓库、城镇街道和村庄,形成巨大的灾害。风暴潮可分为台风风暴潮(属于台风的次生灾害)和温带风暴潮两大类,二者均会给人类生命和财产安全造成巨大损失。

1.4.4 海岸侵蚀灾害

海岸侵蚀是指在自然力(包括风、浪、流、潮)作用下,海水强烈冲击海岸造成海岸线后退和海滩下蚀的现象。与其他自然灾害(如地震)相比,海岸侵蚀具有持续性和可预测性。由于海平面上升和不合理开发海岸带,世界各地沿海地区海岸侵蚀情况正变得越来越严重。如果持续过度开发海岸带,那么,海岸侵蚀情况将会愈加严重。

引起海岸侵蚀的原因有两种:一是由于自然原因,如河流改道或大海泥沙减少、海平面上升或地面沉降、海洋动力作用增强等;二是由于人为原因,如拦河坝的建造、滩涂围垦、大量开采海沙、珊瑚礁、滥伐红树林,以及不适当的海岸工程设置等,均能引起海岸侵蚀。

当海岸线分布有陡峭的海岸时,可能会出现海岸侵蚀。由于海岸不仅受到波浪作用的影响,而且受到土壤侵蚀作用的影响(如陆地上的流水和陡峭的海岸造成的崩塌和滑坡等),这些过程的叠加所造成的侵蚀影响要比任何一个单独作用时的影响大得多。当人类不合理升发利用海岸环境时,海岸侵蚀问题将变得更为复杂,因为许多人类活动都会引发海岸侵蚀。例如,城市化会引起径流的增多,如果不加以控制、收集并避开海岸,将会导致严重的侵蚀;给排水管网渗流会降低海岸自身的稳定性,增加侵蚀或崩塌发生的可能性;在海岸边缘修筑诸如围墙、楼房、游泳池和露台等建筑物会增加海崖坡度上的重力,从而增加发生海岸侵蚀和崩塌的可能性。

1.4.5 赤潮灾害

赤潮是指在一定的环境条件下,海水中某些浮游植物、原生动物或细菌突发性增殖或聚集,并在单位水体中达到一定的生物量且引起表层海水变色的一种生态异常现象。实际上,赤潮是不同色潮的统称,除赤潮外,潮色还有白、黄、褐、绿色等。赤潮的颜色是由形成赤潮的生物种类和数量决定的。形成赤潮的生物量与赤潮生物体大小密切相关,有资料表明,赤潮生物个体越小,达到赤潮所要求的生物量越大;赤潮生物个体越大,达到赤潮所要求的生物量越小。赤潮的形成原因十分复杂,但必须具备以下两个基本条件:一是要有赤潮生物的存在;二是要有适宜赤潮生物快速繁殖和聚集的生态环境条件,包括海水中氮磷等营养盐的富集、海水温度、海水盐度、微量营养元素以及维生素类物质等。此外,海水动力学特征如海面波浪状况、海流、气象条件等对赤潮的形成也十分重要。

随着现代化工农业生产的迅猛发展,沿海地区人口的大量增多,大量的陆源污染物不断向海洋超标排放,使入海河口、内湾等沿岸水域发生富营养化,导致某些浮游植物大量繁殖和聚集,最终形成赤潮。此外,沿海开发程度的加快和海水养殖业的迅猛发展,也带来了海洋生态环境污染问题;海运业的发展导致外来有害赤潮种类的引入,全球气候变化等因素也能导致赤潮的频繁发生。目前,赤潮已成为一种世界性的海洋环境公害,美国、中国、日本、加拿大、法国、瑞典、挪威、菲律宾、印度、印度尼西亚、马来西亚、韩国等30多个国家和地区的沿海地区发生赤潮的频率显著增加。由于海洋环境污染日趋严重,中国海域发生赤潮灾害的次数不断增多,污染面积不断增大,并有愈演愈烈的趋势。

赤潮作为近岸海域的一种严重海洋灾害,不仅破坏海洋的正常生态结构、破坏正常生产过程,还给海洋经济造成严重损失并威胁海洋生态环境。其主要危害包括:

(1)危害海洋生物的生存。赤潮生物的大量生长、繁殖,以及剧烈的代谢会释放大量的有机物,这些有机物都会不断地消耗海水中的溶解氧,使海水中的溶解氧含量急剧下降,从而导致许多海洋生物因缺氧而死。同时,这些有机物碎片还会堵塞海洋动物的呼吸器官,使海洋动物窒息死亡,有些赤潮生物分泌黏液状物质或赤潮生物死亡后产生黏液,海洋动物的吸收和滤食过程中呼吸器官会被这些带有黏液的赤潮生物堵塞,影响海洋动物的滤食和呼吸,严重者还能造成窒息死亡。

(2)破坏海洋中的饵料基础。未发生赤潮的海域,海水中的藻类和其他海洋生物生长正常,整个海域生态系统处于良好的动态平衡,适量的藻类可以作为浮游动物的饵料,浮游动物可以作为鱼虾的饵料,从而形成相对稳定的海洋生态系统食物链。但是在赤潮发生的海域,有害藻类暴发性繁殖,并成为海域中的优势物种,密集的赤潮生物遮蔽海面,从而作为饵料的有益藻类(如硅藻)因光合作用受阻,生长受到抑制,严重时还会引起有益藻类的窒息甚至死亡,这些均破坏了原有的生态平衡,进而影响到海洋中正常的食物链,造成食物链中断,从而导致海洋作物(如鱼虾等)减产。

(3)破坏海域生态环境质量。赤潮发生之后,大量赤潮生物的尸体在分解过程中会产生大量的硫化氢和氨气等有害物质,其体内的毒素也随着赤潮生物尸体的分解而全部释入水体,不仅使海水变色、滋生细菌,还会产生异味,严重破坏海洋生态环境,破坏水质。在一些封闭性的养殖区内,赤潮消退后,水体中有机物质增加,滋养了大量对鱼、虾、贝有害的病原微生物,从而造成鱼虾病害而死亡。有些赤潮生物能分泌赤潮毒素,当鱼、虾、贝类处于有毒赤潮区域时,摄食有毒生物后,毒素在体内不断积累,造成毒素含量大大超过人体可接受范围的堆积,这些鱼、虾、贝类如果不慎被食用,会引起中毒,严重时可导致死亡。赤潮的危害性很大,不仅严重影响海洋渔业资源和渔业生产,破坏海洋环境,损害海滨旅游业,还通过食用被赤潮生物污染的海产品造成人体中毒,损害人体健康,甚至导致死亡。

第2章 沿海地区常见水文地质灾害及其影响因素

全球约45%的人口居住在沿海地区,沿海地区人口密集,经济发展迅速。人类活动(如地下水开采、土地利用变化等)和气候变化(如海平面上升、风暴潮加剧等)导致世界上很多沿海地区出现了严重的海(咸)水入侵和岩溶塌陷问题,严重制约沿海地区经济社会的可持续发展。

2.1 海(咸)水入侵

目前,全世界已有几十个国家的沿海地区出现了海(咸)水入侵问题,如荷兰、德国、比利时、意大利、法国、希腊、英国、西班牙、葡萄牙、希腊、澳大利亚、墨西哥、以色列、印度、印度尼西亚、美国、日本、菲律宾、巴基斯坦、埃及、中国等。海(咸)水入侵给各国沿海地区经济发展带来严重危害,造成巨大经济损失,严重阻碍经济社会的可持续发展。全世界范围海(咸)水入侵的普遍性已经引起国际社会的共同关注,积极开展海(咸)水入侵问题的研究和治理工作非常重要。海(咸)水入侵的概念、国际国内海(咸)水入侵研究概况、海(咸)水入侵的指标及监测方法、海(咸)水入侵的影响因素及成因、海(咸)水入侵的通道、海(咸)水入侵的防治措施和海(咸)水入侵有待加强研究的几个方面等叙述如下。

2.1.1 基本概念

薛禹群认为,海(咸)水入侵是指地下水抽水量超过其补给量,使开采井附近的地下水位低于海平面,使咸淡水界面向内陆运移,形成一个新的咸淡水动态平衡的过程。姜嘉礼认为,海(咸)水入侵是指沿海地区地下水过度开采造成地下水位持续下降,破坏咸淡水间的动态平衡,造成直接入侵地下水的过程。王秉忱认为,海(咸)水入侵是由沿海地区地下水大量开采导致的地下水位快速下降引发的海水注入淡水含水层的现象。近年来,其他学者也发表了类似的定义,从许多文献中给出的定义来看,虽然表达不一,但是都提到了海(咸)水入侵的本质原因,即沿海地区人为地过度开采地下水导致地下水位急剧下降和咸淡水之间的动态平衡被破坏,导致咸淡水界面向内陆淡水含水层方向移动。因此,海(咸)水入侵在这里被定义为:"滨海地区人为超量开采地下水,引起地下水位大幅度下降,海水与淡水之间的水动力平衡被破坏,导致咸淡水界面向陆地方向移动的现象"。海(咸)水入侵主要是由人类活动引起的,自然变化对海(咸)水入侵也有一定的影响。

2.1.2 研究概况

2.1.2.1 国外关于海(咸)水入侵的研究

在国外,关于海(咸)水入侵的研究可以追溯到19世纪关于咸淡水界面上任一点在海平面下深度的表达式 Ghyben-Herzberg 公式的提出。20 世纪 60 年代开始,巴塞罗那理工大学和西班牙东比利牛斯水管理局对西班牙地中海沿岸海(咸)水入侵问题进行一系列研究,包括地下水流动与盐度关系、海(咸)水入侵未来发展趋势预测、海(咸)水入侵管理及治理等方面。澳大利亚墨尔本、堪培拉、悉尼等沿海地区自 20 世纪 60 年代中后期发现海(咸)水入侵现象以后,开始在多处沿海地区布置监测,制定若干安全用水计划并采取一系列工程措施,使一些沿海地区海(咸)水入侵问题得到了一定的缓解。日本对静岗县富士市、西大阪沿海地区的海水入侵情况进行监测,并制定相关节水法规和开辟新水源等措施以减轻海(咸)水入侵的危害。1985 年于英国剑桥召开的国际水文地质学家协会(IAH)第十八届会议上,西班牙著名学者 Custodio 比较全面地介绍了全球范围内海(咸)水入侵的研究现状、基本概念和原理、区域性和局地水文地质条件、区域性和局地地下水开采情况、数值模拟计算方法、高新监测技术及沿海地区淡水资源管理等问题。欧洲学者自 1968 年在德国汉诺威召开第一届海(咸)水入侵学术讨论会(SWIM)以来,每隔两年组织并召开海(咸)水入侵问题的学术会议一次。联合国教科文组织也在积极推进海(咸)水入侵相关研究,1987 年组织出版了西班牙著名学者 Custodio 等所编著的《沿海地区地下水问题》。美国环保署(U.S. EPA)于 1977 年组织编著了《美国海(咸)水入侵调查》,美国俄克拉荷马大学于 1986 年组织编著了《美国海(咸)水入侵现状与潜在问题》,这两部专著高度总结了美国自 20 世纪 40 年代以来在海(咸)水入侵方面的取得的研究成果,其中涉及的研究内容包括海(咸)水顺层入侵通道和水文地质条件,地质断层和地质断裂带对海(咸)水入侵的促进作用,地下含水层咸淡水界面变化,地下含水层咸淡水相互作用关系定量分析,海(咸)水入侵对农业、工业和居民生活等的影响。

地下含水层咸淡水界面的形状与位置、运移机制与运动规律是海(咸)水入侵研究的重要核心问题。由于海(咸)水和淡水可混溶,严格意义上的咸淡水突变界面在现实中并不存在。在地下含水层中,实际存在的是咸淡水过渡带。咸淡水过渡带的厚度和形状主要取决于含水层岩性、构造、地下水动力特征、溶质弥散和扩散、补给径流排泄、地下水开采量变化、海平面受潮汐影响的波动等因素。当然,如果咸淡水过渡带的厚度远远小于含水层的厚度,那么咸淡水过渡带可近似看作咸淡水突变界面。所以,海(咸)水入侵模型可概化为两种模型,即咸淡水突变界面模型和咸淡水过渡带模型。如前文所述,突变界面模型作为理想化的一种概化模型,其求解只能获得近似结果。Bear 等(1972,1979)在其编著的《多孔介质流体动力学》和《地下水动力学》两本经典专著中详细论述了稳定界面与移动界面的近似解;Moor 等(1992)利用咸淡水突变界面模型研究了美国 Yucatan Peninsula 东北沿海地区的咸淡水相互作用关系;Mercer 等(1981)用有限差分法数值模拟了咸淡水突变界面的运移规律;Wilson 等(1992)用有限元方法数值模拟了咸淡水突变界面的运移规律。相对于较为简单的咸淡水突变界面模型,咸淡水过渡带模型较为复杂,由两个偏微分方程来描述,其中一个方程(地下水流方程)用来描述变密度条件下咸淡水混合液体的渗流规律,另一个方程(溶质运移方程)用来描述变密度条件下咸淡水混合液体中溶质的迁移扩散。通过地下水流方程与溶质运移方程将密度、浓度和水位进行有机耦合,从而得到咸淡水过渡带的分布范围及其运动轨迹,以及水位和浓度的时空变化规律。值得注意的是,咸淡水过渡带模型只能采用数值法(有限差分法,有限元法)求解。Pinder

等(1970)最早提出海(咸)水入侵过渡带理论,建立过渡带数值模型并给出经典的亨利模型的有限元数值解;Lee 等(1974)建立了地下水位与盐分浓度相互依赖的二维有限元剖面数值模型,用于研究美国佛罗里达州卡特勒沿海地区的海(咸)水入侵问题;Segol 等(1975,1976)建立并发展了地下水位与盐分浓度相互依赖的二维有限元剖面数值模型;Huyakorn 等(1987)提出了变密度条件下地下水流方程和溶质运移方程,并建立了地下多层含水层中水位、密度和浓度相互作用的三维有限元数值模型。近年来,国外学者采用咸淡水过渡带模型对沿海地区海(咸)水入侵问题进行研究的成果颇为丰硕,篇幅所限,不再赘述。总之,由于咸淡水过渡带模型具有描述复杂水文地质条件、人为活动条件和气候变化条件等诸多因素影响下的咸淡水过渡带时空运移规律的优点,国外学者非常重视此方面的研究,数值模型的仿真性、精确性和可靠性均在不断提高。

2.1.2.2 国内关于海(咸)水入侵的研究

在国内,20 世纪 60 年代在辽宁省大连市首次发现海(咸)水入侵情况,后于 20 世纪 70 年代中后期在山东半岛莱州湾地区发现更大范围的海(咸)水入侵情况。中国科学院地质与地球物理研究所、中国地质大学水文水资源工程系、南京大学地球科学系、山东省水利科学研究所等单位先后对山东半岛莱州湾海(咸)水入侵问题进行了研究。进入 20 世纪 80 年代,我国多处沿海地区发现海(咸)水入侵现象,且范围逐渐扩大、入侵速度不断加快,造成的危害越来越严重。时至今日,沿海岸从华北向华南沿海,发现海水入侵的地区有辽宁省葫芦岛市、辽宁省大连市、河北省秦皇岛市、天津市、山东半岛地区、苏北平原地区、上海市、浙江省宁波市、广西壮族自治区北海市等,其中以山东半岛的莱州湾地区海水入侵情况最为严重。截至 20 世纪 90 年代末期,莱州湾地区海(咸)水入侵面积接近 1 000 km²,造成约 40 万人吃水困难,8 000 余眼农用机井报废,60 多万亩(1 亩 = 1/15 hm²)耕地丧失灌溉能力,粮食每年减产 30 万 t,工业产值每年损失 4 亿元。

我国海(咸)水入侵的调查始于 20 世纪 80 年代,其中山东半岛莱州湾的调查水平最高,其他地区的调查结果相对较少。致力于海(咸)水入侵的研究机构主要是中国科学院地质与地球物理研究所、南京大学地球科学系、中国地质大学水文水资源工程系等,研究结果基本上代表了国内海(咸)水入侵的研究水平。总的来说,在过去的 30 多年里,我国在调查海(咸)水入侵现状、基础理论探索、模型研究、系统预测、防治措施等方面取得了重大进展,从单一问题的调查到整体调查,从简单的定性调查到量化和建模,进步明显,意义重大。中国科学院地质与地球物理研究所蔡祖煌、马凤山等学者对海(咸)水入侵的基本理论进行了深入探索,指出海(咸)水入侵经历了四个阶段,即静力学阶段、渗流阶段、渗流与弥散联立阶段和渗流与弥散耦合阶段,认为过渡带有两个运移动力:一个是海水和淡水之间的压力差,其中压力差是由海水和淡水之间的密度和水位差造成的,由压力差会导致海水和淡水之间的渗透;另一个是海水与淡水的溶质浓度差异,浓度的差异导致海水和淡水之间的扩散,导致海水和淡水相互混合。蔡祖煌、马凤山等认为海水入侵从开始到结束,经历了三个阶段,初始、加剧和减缓,海(咸)水入侵的整个过程基本上是渗流与弥散之间的平衡。蔡祖煌、马凤山等从理论上得出了海(咸)水入侵的基本方程,可定量预测地下水开采条件下海(咸)水入侵速率、距离和时间。南京大学地球科学系薛禹群、吴吉春等学者开发了国内第一个三维有限元海水入侵模型,考虑了咸淡水混合溶液密度变化的情况、地下水位波动的影响、地下水开采的影响、复杂水文地质条件的影响等,模型通过描述含水层中盐分浓度的分布,以表征咸淡水过渡区的运移,演变和发展。薛禹群、吴吉春等利用山东省龙口市建立的三维监测网络的长期观测数据来模拟和再现了该地区1989年至1990年的海(咸)水入侵过程,提出海(咸)水入侵并不仅仅是咸淡水之间的简单混合,而是包含了水岩之间阳离子交换作用等复杂过程。中国地质大学水文水资源系的陈崇希和李国敏等学者在海(咸)水入侵模型方面做了许多改进和创新,给分散度、含水层高度和初始水位、承压含水层水下边界的分布和微分方程的求解引入了许多新的理论和技术。陈崇希和李国敏等利用有限元海水入侵三维模型成功地模拟了广西壮族自治区北海市涠洲岛和山东省烟台市的海(咸)水入侵情况。综上所述,虽然国内相对较晚对海(咸)水入侵问题进行研究,但目前在海(咸)水入侵理论研究,数学模型研究和综合管理等方面已接近国际先进水平。

2.1.3 指标及监测方法

由于海(咸)水入侵给内陆淡水含水层带来的最明显的变化是水中氯离子浓度的增加,因此通常通过氯离子浓度作为指标来判断海(咸)水入侵是否发生。在正常情况下,如果没有人为污染(如生活污水和工业废水等污染)引起的氯离子浓度异常,那么海(咸)水入侵发生的判断标志是地下水中的氯离子浓度明显高于背景值。咸淡水过渡带的位置、形状和范围是判断海(咸)水入侵是否发生的重要标志,然而量化其具体位置、形状和范围相对困难。由于咸淡水过渡带的形状复杂,通常需要建立一个动态地下水监测的三维网络,用于定期观测。除了观测氯离子浓度,地下水密度和水位也可以同时观测。观测网通常垂直于海岸带布设若干剖面,每个剖面设置三组观测孔(分别位于海水入侵区、咸淡水过渡区和淡水区),注意每组观测孔要分别安排在不同的含水层的不同深度。如此设置的三维观测网络有望获得咸淡水过渡带的位置、形状和范围等可靠信息,以判断咸淡水过渡带的范围、迁移和发展。此外,判断海(咸)水入侵是否发生的指标及监测方法还有电阻率法、同位素示踪法等。

2.1.4 影响因素及其成因

影响海(咸)水入侵程度的主要因素包括地质、构造、含水层渗透性、含水层补给条件、含水层非均质性、岩性、降水量等。这些影响因素对海(咸)水入侵的途径和方式起着一定的控制作用。海(咸)水入侵的方式和速度对由第四系沉积物组成的砂质、泥质和基岩海岸有所不同。如果砂质含水层上方覆盖着低渗透性的沉积物,将严重阻碍海水与含水层之间的联系,可大大降低海(咸)水入侵的风险,甚至可完全防止海(咸)水入侵;然而如果基岩含水层存在裂缝、溶解的孔隙或溶洞,那么将为海(咸)水入侵提供有利条件。

从上述海(咸)水入侵的概念和影响海水入侵的因素来看,海(咸)水入侵的形成有两个基本条件:一个是水动力条件,另一个是水文地质条件。当同时满足水动力条件和水文地质条件时,不可避免地会发生海(咸)水入侵。

2.1.4.1 水动力条件

由于重力作用,地下水总是从较高的水位处流向较低的水位处。在自然条件下,地下水水位高于海水水位,地下水由内陆向沿海方向流动,不会发生海(咸)水入侵现象。在超量开采地下水的条件下,特别是不合理过量开采时,地下水水位将快速下降,甚至低于海水水位,破坏原有的咸淡水平衡,形成海(咸)水入侵的水动力条件。

2.1.4.2 水文地质条件

地下水与海水之间的通道,是形成海(咸)水入侵的必要条件。地下水与海水之间的通道通常指基岩破碎带、溶洞、地下暗河和具备透水性的松散介质,而由于泥质地层透水性很差,无法充当地下水与海水之间的通道,因此泥质海岸带通常不会发生海(咸)水入侵。水文地质条件决定了地下水与海水之间的通道是否畅通,通道是形成海(咸)水入侵的水文地质条件。

2.1.5 防治措施

根据海(咸)水入侵原因分析,国内外已形成海(咸)水入侵地区主要是由地下水超量不合理开采造成的。但是,大量开采地下水以满足经济建设和社会发展也是必然的,大量减少甚至停止开采地下水也是不现实的。所以海(咸)水入侵的防治措施可以是控制和调整地下水开采,但不能停止地下水开采。其他防治措施包括增加地下水补给、节约用水、分质供水、调引外来水源和海水淡化等。

2.1.5.1 控制和调整地下水开采。

海(咸)水入侵是由地下水超量不合理开采引起的,因此要防治海(咸)水入侵,必须限制地下水开采量在允许的范围内。控制开采量的工作主要有:

(1)调整地下水开采时间和间隔,汛期多开采,旱期少开采,尽量保证地下水可以得到恢复。

(2)调整地下水开采井的布局和密度,分散开采,避免在地下水与海水之间的通道附近开采。

(3)调整开采层的层位,对于多层淡水含水层,可开采不同层位地下水,控制每层的开采量不要超过允许范围。

2.1.5.2 增加地下水补给量

地下水的允许开采量是一定的,不能随意增加,而为了增加地下水的开采量,必须采取增加地下水补给量的措施。增加沿海地区地下水补给量的措施主要有修建橡胶坝、渗井、渗渠回灌工程等,用于降水和地表径流的储存以补充地下水。

2.1.5.3 节约用水和分质供水

对于沿海经济发达地区,可持续利用的水资源有限,但对于水资源的需求往往是无限的。沿海地区水资源短缺问题很普遍,节约用水是一项长期任务。提高工业用水回用率,利用先进技术节水灌溉,调整农业种植结构,种植耐旱作物,具有很大的节水潜力。地下水水质良好,应优先考虑作为饮用水源和部分对水质要求较高的工业水源,而对于农业用水和生态用水,可使用地表水和处理过的污废水,海水、微咸水也可适当使用。分质供水可以在一定程度上缓解地下水供需矛盾。

2.1.5.4 调引外来水源

结合沿海地区当地情况,可考虑跨区域或跨流域调水,前提是必须做好社会、经济和环境效益评估。

2.1.5.5 **海水淡化**

海水淡化技术日趋成熟,然而运行成本过高,可以结合当地情况,适度实施。

2.1.6 存在问题

关于海(咸)水入侵问题存在的几个有待加强研究的问题如下:

(1)数值模型的仿真性和准确性需要加强研究。

数值模型是定量研究海(咸)水入侵问题的关键工具。目前的不足之处在于:数值模型更侧重于数值方法的讨论,而边界条件的处理和论证较少,且模型参数的选取和校正存在不确定性。

(2)更加合理地利用水位潮汐动态求参需要加强研究。

在沿海地区,由于地下水位波动,抽水试验求参会引起地下水位变化,结果不佳。抽水试验会造成观测孔中水位的变化,海潮波动也会造成观测孔中水位的变化。

(3)海(咸)水入侵过程中的物理、化学和生物过程需要加强研究。

(4)海(咸)水入侵预测预报及防治措施方面需要加强研究。

高危险区海(咸)水入侵未来发展趋势的预测较为缺乏,在高危险区建立数值模型,定量分析日益加剧的人类活动和气候变化影响下咸淡水过渡带的位置、形状和范围,评估未来海(咸)水入侵的程度,采取必要措施,减轻或防止海(咸)水入侵,非常必要。

(5)海(咸)水入侵实时动态监测方法需要加强研究。

通过常规方法,即布设三维网络观测孔来判断和监测海(咸)水入侵情况,造价昂贵,也很耗时。研究简单有效的海(咸)水入侵实时动态监测方法,非常重要。

2.2 岩溶地面塌陷

随着经济建设和社会发展的不断加快,对岩溶区资源的开发日益增强,由此引发的岩溶塌陷问题也日趋频繁、严重,已成为岩溶区可持续发展的一大障碍,有效减轻其造成的危害势在必行。由于其突发性及危害性,岩溶塌陷的预测和防治非常必要。据不完全统计,全球有十几个国家和地区存在严重的岩溶塌陷问题,如中国、美国、意大利、阿根廷、伊朗等。我国岩溶分布面积达 365 万 km^2,占国土面积的 1/3 以上,是世界上岩溶最为发育的国家之一。我国岩溶塌陷分布范围很广,22 个省和自治区都有分布,以南方的广西、贵州、湖南、江西、四川、云南、湖北等省(区)最为发育,而北方的河北、山东、辽宁等省也发生过严重的岩溶塌陷灾害。岩溶塌陷的产生,使岩溶区的工程设施,如工业与民用建筑、交通干线、矿山及水利水电设施等遭到破坏,还会严重造成岩溶区水土流失,恶化生态环境。

2.2.1 基本概念

岩溶塌陷是指覆盖在溶洞之上的松散介质,在自然或人为因素作用下产生的突发性地面变形破坏,形成圆锥形或其他形状塌陷坑。岩溶塌陷是地面变形破坏的主要类型,多发生于碳酸岩和白云岩等可溶性岩石分布地区(以碳酸盐岩溶塌陷最为常见)。岩溶塌陷突发性强、规模大、没有前兆,若发生于人口稠密的城市,对楼房、道路桥梁、交通、地下管网等人工构筑物会构成严重威胁,也会威胁到人类生命财产安全。

2.2.2　形成条件

岩溶塌陷的形成通常需要三个条件:一是底部的岩溶地层具备溶蚀空间(溶洞),可以为塌陷的介质提供储存场所或通道;二是顶层具备一定厚度的覆盖层(基岩或松散土层);三是具备岩溶塌陷的主导因素,即致塌作用力。

2.2.2.1　空间条件

喀斯特岩溶是在漫长的地质历史时期形成的,存在垂直岩溶和水平岩溶、层状岩溶、结构岩溶和层间岩溶。当溶洞(主要分布于构造断裂带、褶皱轴部、相对易溶的岩性地段)发展到一定程度时,可以给塌陷物质提供充足的空间,可以给地下水和塌陷物质提供存储场所和通道。所以,溶洞是岩溶塌陷的基础,是产生岩溶塌陷的重要因素。

2.2.2.2　物质条件

岩溶塌陷是覆盖层土壤在几种导致塌陷的影响因素下崩塌的现象。覆盖层的性质可根据其胶结程度分为岩石和土石。岩石指的是各种具有破碎性的坚硬的岩石,土石指的是松散的土石。从导致岩溶塌陷的条件分析,随着土颗粒变粗,其抗塌性能变差,而随着含砂量的增加,其抗塌性能变差,只有均匀结构的黏土具有最好的抗塌性。岩土体的厚度受地下水动力作用的大小、溶蚀时间、区域构造等因素控制,区域性较强。通常,岩溶塌陷主要分布在覆盖层较薄区域,而覆盖层较厚区域发生岩溶塌陷的可能性相对小一些。

2.2.2.3　水动力条件

岩溶塌陷的形成,不仅需要具备溶洞和较薄的覆盖层,还需要地下水动力条件。岩溶系统渗流场中地下水动力条件的改变,是导致岩溶塌陷的重要因素。

地下水动力条件的变化,是导致岩溶塌陷的作用力,主要来自水位的变化以及水流所产生的力。岩溶塌陷有两种类型,一种是岩溶洞穴发展到一定程度时,覆盖层在重力作用下自然坍塌,形成岩溶塌陷;另一种是上部岩土体中薄弱部位在地下水流作用下形成溶蚀形成土洞,当土洞发展到一定程度时,自然坍塌形成岩溶塌陷。简而言之,地下水动力条件的变化是形成岩溶塌陷的重要因素。

2.2.3　时空分布规律

2.2.3.1　空间分布规律

从地形地貌角度分析,岩溶塌陷主要发生在地表水地下水汇集且地下水侵蚀作用相对较强的地区,如山区或中低山区、喀斯特洼地和河谷下游,特别是在河床及河道两岸。通常情况下,岩溶塌陷的风险随地下水开采量的增大而增加,多位于地下水降落漏斗范围内,并随着地下水漏斗开口的增大而增大。

从地层角度分析,岩溶塌陷易发生于覆盖土层较薄区域,因为土层应力易因地下水流作用而失衡。

2.2.3.2　时间分布规律

岩溶塌陷随时间的变化规律主要受坍塌时水位波动的控制。塌陷处往往位于或靠近地下水降落漏斗的中心,因为漏斗中心的水位变化相对较大。随着地下水降落漏斗面积的扩大,塌陷程度也随之扩大。通常岩溶塌陷易发生在雨季中期、雨季后期和旱季初期,因为以上几个时期地下水波动较为剧烈。

2.2.4　成因机制分析

根据岩溶塌陷的原因,可以分为自然塌陷和人为塌陷两种。根据岩溶塌陷形成的机制,岩溶塌陷的根本原因是覆盖层土壤因不稳定性而受损,塌陷体受到的致塌力超过抗塌力的作用。由于不同的地下水动力条件和水文地质条件,岩溶塌陷的成因机制有所不同,形成不同的塌陷模式。简言之,岩溶塌陷的形成是多机制的,主要包括以下几种模式:重力致塌模式,潜蚀致塌模式,真空吸蚀致塌模式,冲爆致塌模式,振动致塌模式,荷载致塌模式,溶蚀致塌模式,渗压致塌模式。

2.2.5　防治对策

近年来,日益严重的岩溶塌陷已造成严重经济损失,给人类生命和财产安全造成严重威胁,已引起国家和地方政府高度重视,有效降低岩溶塌陷灾害已成为一个亟待解决的关键问题。岩溶塌陷灾害的防治,关键是要查明不同地区不同类型的塌陷的形成条件,根据其形成条件和危害性,采取有针对性的防治措施。

根据岩溶塌陷形成的基本情况,可采取以下措施:加固覆盖层,避免雨水泛滥浸泡松散土壤介质;灌浆填充溶洞并用混凝土密封。根据塌陷的触发条件(地下水流动态变化),可以采取以下措施:灌浆封闭出水口,减少流量;防洪排洪,消除地表积水;限制地下水开采,减少地下水漏斗规模,限制岩溶塌陷的发展。岩溶塌陷的处理方法较多,主要包括堵填法、深基础法、跨越法、灌注法、强夯法、疏排围改综合治理法、控制抽排水强度法、恢复水位法、气压力法等,其中较常用的方法为堵填法、跨越法、深基础法和灌注法。

综上所述,岩溶塌陷灾害应采取防治结合的办法。做好地表水、地下水系统排水,调整地下水开采和排水方案,建立岩溶塌陷前兆监控网络等。

参 考 文 献

[1]蔡祖煌, 马凤山. 海水入侵的基本理论及其在入侵发展预测中的应用 [J]. 中国地质灾害与防治学报, 1996, 7(3):1-9.

[2]尹泽生, 林文盘, 杨小军. 海水入侵研究的现状与问题 [J]. 地理研究, 1991, 10(3):78-85.

[3]李国敏, 陈崇希. 海水入侵研究现状与展望 [J]. 地学前缘, 1996(3):161-167.

[4]马凤山, 蔡祖煌, 等. 海水入侵机理及其防治措施 [J]. 中国地质灾害与防治学报, 1997, 8(4):16-22.

[5]薛禹群, 谢春红, 吴吉春. 海水入侵研究 [J]. 水文地质工程地质, 1992, 19(6):29-33.

[6]吴吉春, 薛禹群, 等. 海水入侵过程中水岩间的阳离子交换 [J]. 水文地质工程地质, 1996, 3:18-19.

［7］成建梅，陈崇希，等.山东烟台夹河中下游地区海水入侵三维水质数值模拟研究［J］.地学前缘，2001，8(1)：179-184.

［8］姜嘉礼.葫芦岛市滨海地区海水入侵研究［J］.水文，2002，22(2)：27-31.

［9］王秉忱.海(咸)水入侵与地下水资源管理问题的国内外研究现状［A］∥地下水开发利用与管理［C］.成都：电子科技大学出版社，1995：30-32.

［10］马凤山，蔡祖煌.论海水入侵综合防治应用技术［J］.中国地质灾害与防治学报，2000，11(3)：74-78.

［11］薛禹群，谢春红，等.海水入侵、咸淡水界面运移规律研究［M］.南京：南京大学出版社，1991.

［12］艾康洪，陈崇希.漫尾岛咸、淡水界面运移剖面二维水质模拟研究［J］.勘察科学技术，1994(6)：3-10.

［13］李国敏，陈崇希，沈照理，等.涠洲岛海水入侵模拟［J］.水文地质工程地质，1995(5)：1-5.

［14］康彦仁.岩溶塌陷的形成机制［J］.广西地质，1989，2(2)：83-90.

［15］雷明堂，蒋小珍.岩溶塌陷研究现状、发展趋势及其支撑技术方法［J］.中国地质灾害与防治学报，1998，9(3)．

［16］史俊德，连冬香，杨士臣.论岩溶塌陷问题［J］.华北地质矿产杂志，1998，13(3)：264-267.

［17］代群力.论岩溶地面塌陷的形式机制与防治［J］.中国煤田地质，1994，6(2)：59-63.

［18］杨立中，王建秀.国外岩溶塌陷研究的发展及我国的研究现状［J］.中国地质灾害与防治学报，1997，S1：6-10.

［19］项式均，等.中国北方岩溶塌陷研究［A］∥中国北方岩溶和岩溶水研究［C］.南宁：广西师范大学出版社，1993.

［20］康彦仁，项式钧，陈健，等.中国南方岩溶塌陷［M］.南宁：广西科学技术出版社，1990.

［21］刘传正.我国岩溶塌陷分布规律的探讨［J］.中国地质灾害与防治学报，1997，S1：11-17.

［22］王滨，贺可强，高宗军.岩溶塌陷发育的时空阶段分析［J］.水文地质工程地质，2001(5)：24-27.

［23］张丽芬，曾夏生，姚运生，等.我国岩溶塌陷研究综述［J］.中国地质灾害与防治学报，2007，18(3)：126-130.

第二篇 地下水模型与数值模拟方法

第3章 地下水数值模型

地下水系统是指在一定的水文、气象、水文地质条件下形成的地下含水系统,由于存在地形起伏多变,含水层厚度不一、非均质、各向异性,地质情况不明,可能存在断层和溶洞(地下暗河),源汇项时空分布不均等情况,地下水系统极为复杂。数值模型具有相对合理表征复杂水文地质情况的特点,可对真实地下水系统进行仿真和模拟。目前,数值模拟地下水系统的方法主要有有限差分法、有限元法、边界元法和有限分析法,其中较为常用的有有限差分法和有限元法。20 世纪 60 年代以来,随着计算机技术的迅猛发展和广泛使用,数值模拟方法在地下水资源分析评价等方面的工作中得到大规模推广,因其明显的通用性和广泛的适用性而得到了广泛的应用,尤其是近 20 年来,地下水系统建模和数值模拟方法取得了飞速的发展。然而,地下水数值模型也有一定的局限性,比如数值模型对真实地下水系统的概化尚存在误差,模拟精度有待于提高;岩溶介质和裂隙介质中的复杂地下水流和溶质运移情况模拟较为困难,限制了模型应用范围;有些数值模型数据前、后处理能力不足;有些模型在源汇项概化、地下水运动机制以及与 GIS 结合方面尚存在一定的问题。

自 20 世纪 60 年代以来,地下水建模和数值模拟方法随着计算机技术的飞速发展应运而生,开始在定量研究地下水资源和地下水污染中发挥了不可替代的作用。地下水模型主要分为地下水流数值模型、地下水溶质运移模型以及地下水流和溶质运移耦合模型,其中应用最为广泛的地下水流数值模型为 MODFLOW 模型,地下水溶质运移模型为 MT3DMS 模型,地下水流和溶质运移耦合模型为 SEAWAT 模型。本章后续内容对 MODF-LOW、MT3DMS、SEAWAT 模型分别做详细介绍。

3.1 MODFLOW 模型

MODFLOW 是模块化的三维有限差分地下水流模型——Three-Dimensional Finite-Difference Groundwater Flow Model 的简称。MODFLOW 模型是 20 世纪 80 年代美国国家地质调查局(U.S. Geological Survey)的 McDonald 和 Harbaugh 开发的一款有限差分地下水流数值模拟三维模型。模块化结构是 MODFLOW 模型最显著的特征,它由一个主程序和多个独立的子程序包组成,如抽水井子程序包(Well Package)、河流湖泊子程序包(River

Package，Lake Package）、入渗子程序包（Recharge Package）、蒸散发子程序包（Evapotrans Piration Package）等，这种模块化结构有助于理解、修改和添加新的子程序包。MODFLOW开发完成并开始应用以后，很多学者不断创新、不断细化、不断开发新的子程序包来补充并完善 MODFLOW 的原有功能。MODFLOW 通过有限差分法求解，空间离散采用矩形网格剖分，时间离散引入应力期（Stress Period）和时间步长（Time Step）两个概念，把整个模拟期分为若干个应力期，每个应力期又分为若干个时间步长。MODFLOW 通过迭代进行求解，求解方法包括强隐式法（SIP）、逐次超松弛迭代法（SSOR）、预调共轭梯度法（PCG2）等。由于其合理的模型设计，MODFLOW 模型已广泛应用于科研、生产、环境保护、城乡发展规划等行业和部门，称为最为普及的地下水流数值模拟模型。

3.2 MT3MDS 模型

MT3MDS 是模块化的三维有限差分地下水溶质运移模型——Modular Three-Dimensional Multi-Species Transport Model 的简称。MT3DMS 模型是 20 世纪 90 年代美国阿拉巴马大学郑春苗教授主持开发的基于有限差分方法定量研究污染物在地下水中的运移过程的地下水溶质运移数值模型。近年来，MT3DMS 模型在国内外水文地质和地下水环境模拟等领域的研究中得到了广泛应用。MT3DMS 模型综合考虑了污染物在地下水中的对流、弥散和化学反应等过程，灵活处理各种复杂的外部源汇项和边界条件，具有模块化的程序结构和灵活的求解方法，以及全面的模拟功能，能够准确地模拟承压和非承压含水层中的污染物运移过程。MT3DMS 模型可以用来模拟污染物在地下水中的迁移（如对流、弥散、扩散）和一些基本的化学反应过程［主要是一些比较简单的单组分反应，如平衡或非平衡状态的线性或非线性吸附反应、可逆的动态反应、一阶不可逆反应（如生物降解）等］。MT3DMS 模型能够适用于各种水文地质条件，如承压、非承压或承压－非承压含水层；倾斜或厚度变化的含水层；指定浓度或通量边界条件的含水层；抽水井、河流、降水、蒸发等多种源汇项集中的含水层等。

MT3DMS 是目前应用最为广泛的三维地下水溶质运移模拟软件。本书概略地回顾了 MT3DMS 软件的开发背景和升级历史。分别介绍了 MT3DMS 软件的结构组成和特点，以及该软件的应用现状。

污染物可以在含水层介质中以各种形式存在。从水文地质的角度来说，地下水中的污染物运移是指污染物在各种因素的综合作用下，随着地下水流的运动和迁移过程，包括对流、扩散和化学反应等过程。20 世纪 70 年代以前，地下水中的溶质运移往往仅限于理论和实验方面的研究。但之后，尤其是近十几年来，随着人们对地下水水质关注度的提高以及计算机技术的快速发展，溶质运移的数值模拟得以快速发展，并被广泛应用于水文地质领域的各类管理实践中。数值模拟技术因其操作灵活、应用高效、价格上低廉性及可操作性强等特性，已经成为研究地下水系统，尤其是复杂的地下水系统中的污染物运移问题的重要方法和手段。相应地，各种数值模拟算法及相关软件也随之得到发展和完善。目前，常见的用于研究地下水溶质运移的模拟软件包括：MOC3D、MT3DMS、RT3D、FEMWA-TER 等数十种。其中，MT3DMS（Modular Transport，3-Dimensional，Multi-Species Model）是应用最为广泛的三维溶质运移数值模拟软件。与其他软件相比,该模型具有其独特的优点,以下将就其发展进程、模块组成和实际应用等方面进行系统的介绍。

3.2.1 MT3DMS 的发展进程

20 世纪 90 年代以前,虽然已经有很多有关地下水中污染物运移的研究,但一个完全公开的用于地下水中污染物运移的模拟软件还比较少见。地下水中污染物的运移过程要比地下水流本身的运动要复杂得多,加之数值模拟污染物运移过程中存在的数值弥散和人工振荡等问题,因此开发一套具有可操作性有效地下水中污染物运移的模块化软件虽非常必要,却困难重重。为了攻克这一难关,我国科学家郑春苗在 S. S. Papadopulos & Associates 公司工作期间,通过美国环境保护署(U.S. Environmental Protection Agency,USEPA)的资助,开发了一个有效地模拟地下水中污染物运移的模拟软件——MT3D。该软件于 1990 年发布,并由 USEPA 完全公开了软件的源代码。这一举措一方面有助于该模拟软件的推广应用,另一方面有利于软件的改进和提高。与此同时,以 MT3D 为内核的一些商用软件也投入到生产实践中。

1998 年,在美国国防部(U.S. Department of Defense,USDoD)下属的陆军工程师兵团研究开发中心(U.S. Army Engineer Research and Development Center)的资助下,郑春苗和 P. Wang 开发出来了基于 MT3D 的第二代模拟软件——MT3DMS。改进的模型增加和丰富了 MT3D 软件中原有的求解子程序包,能够在保证质量守恒的基础上尽可能地减小数值弥散和人工振荡引起的求解误差。MT3DMS 不但可以同时模拟地下水中多种污染物组分的物理迁移过程(包括对流、弥散、吸附等),而且模型自身或者耦合其他模型,如 RT3D 等还可以模拟组分在运移过程中发生的简单(或复杂)生物化学反应。

MT3DMS 本身不包括地下水流模拟程序,因此需要与地下水模拟软件相结合使用,正式发布的 MT3D/MT3DMS 源程序通常默认的地下水流模拟软件是 MODFLOW。但经过一些简单的修改,MT3D/MT3DMS 也可以与其他类似的地下水流模拟软件进行结合。1998 年发布的基于 MT3D 升级的第一个 MT3DMS 软件称为 MT3DMS v3.00.A 版本;为了适应 2000 年发布的 MODFLOW 2000 程序,MT3DMS 于 2001 年升级为 MT3DMS v4.00 版,2005 年升级到 MT3DMS v5.00 版。以上各版本之间还有若干过渡版本(如 v3.50、v4.50 等版本),各个升级版本中分别对软件进行了相应改进和提高。

MT3DMS 易于使用、求解快速、精确等诸多优点使得它很快获得了生产管理部门的青睐,得到了很多政府相关部门、地下水研究咨询公司以及众多用户的认可,成为目前世界范围内应用最为广泛的三维溶质运移模拟通用软件。

3.2.2 MT3DMS 的结构

与 MODFLOW 的结构类似,MT3DMS 的程序设计也是采用模块化结构(Modular Structure),即由一个主程序(Main Program)和若干个相对独立的子程序包(Package)组成,各个子程序包又由不同的模块(Module)组成,供主程序随时调用。目前,MT3DMS 中有基本运移(Basic Transport Package,BTN)、对流(Advection Package,ADV)、弥散(Dispersion Package,DSP)、源汇混合(Sink/Source Mixing Package,SSM)、化学反应(Chemical

Reaction Package，RCT）、广义共轭梯度求解（Generalized Conjugate-Gradient Solver Package，GCG）、运移过程观测（Transport Observation Package，TOB）、水流模型接口（Flow Model Interface Package，FMI）和公共（Utility Package，UTL）等9个子程序包。其中,对于每个运移模型,BTN、FML和UTL等3个子程序包都是必需的,绝大多数情况下ADV子程序包也是必需的。用户可以根据研究区的实际情况选择相应的子程序包来模拟地下水中的溶质运移过程,而TOB是MT3DMS v5.00版中最新增加的可选子程序包。

BTN子程序包:从总体上来定义运移模型中的基本信息和数据要求。具体包括子程序包的选择、定解条件(初始条件和边界条件)、运移模型的运移步长、水流模型中已经定义的有限差分网格的组成、输出信息的选择等。

ADV子程序包:用来处理污染物在地下水中的对流项,有两种求解方法供用户选择。一是选用显式差分方法(v5.00以前),ADV子程序包可以求解地下水中因对流引起的污染物浓度变化;另一种是选用隐式差分方法,如此则不能求解对流作用引起的浓度变化,但可以得到整个求解矩阵中对流项的系数矩阵。虽然ADV是一个可选子程序包,但在生产实践中,由于地下水中污染物的运移对流作用很明显,因此绝大多数情况下都需要ADV子程序包。

DSP子程序包:用来处理污染物运移模型中的弥散项。与ADV子程序包类似,也有两种求解方法供用户选择。如果用户选用显式差分方法(v5.00以前),DSP子程序包可以求解地下水中因弥散作用引起的污染物浓度变化;如果用户选用隐式差分方法,则不能求解弥散作用引起的浓度变化,但可以由此子程序包得到整个求解矩阵中弥散项的系数矩阵。

SSM子程序包:用来处理污染物运移模型中的源汇项,该源汇项的分类与MODFLOW中的分类一致。如果用户选用显式差分方法(v5.00以前),SSM子程序包可以求解地下水中由源汇项加入引起的污染物浓度变化;而如果用户选用隐式差分方法,SSM子程序包不能求解源汇项引起的浓度变化,但可以由此子程序包得到整个求解矩阵中源汇项的系数矩阵。

RCT子程序包:用来处理污染物运移模型中的反应项。类似地,如果用户选用显式差分方法(v5.00以前),RCT子程序包可以求解地下水中因化学变化引起的污染物浓度变化;相反,如果用户选用隐式差分方法,RCT子程序包则不能求解化学反应引起的浓度变化,但可以由此子程序包得到整个求解矩阵中反应项的系数矩阵。RCT子程序包可以同时模拟地下水中多组分溶质各自不同的吸附和降解反应过程。此外,还能通过双重介质之间的质量转移来模拟高度非均质介质中的溶质运移。目前,MT3DMS中的RCT子程序包还不能模拟多组分溶质之间的反应,但可通过扩充的子程序包(如RT3D和PHT3D)来实现这一功能。

GCG子程序包:这是一个迭代求解子程序包,用来求解运移模型最后得到的矩阵方程,也是MT3DMS区别于MT3D的一个显著改进。对于对流项,如果用户选用GCG子程序包,那么默认隐式差分方法将被用来求解该项,并且无论何种隐式差分方法都是无条件收敛的。但如果用户不选用GCG子程序包,则默认采用显式差分方法求解对流项,此时则是有条件收敛的。当采用显式差分方法求解时,只能选择上风因子的显式差分方法,因为中心因子的显式差分方法会使得解的无条件不稳定。对于运移模型中的弥散项、源汇项和反应项等，无论选用 GCG 子程序包与否，这些项都是一起求解的，只不过选用 GCG 子程序包时采用的是隐式差分方法，而不选用 GCG 时采用的是显式差分方法。正因为 MT3DMS 采用这样的结构，所以可以通过扩充子程序包（如 RT3D）来模拟地下水中多组分之间化学反应过程。需要说明的是，考虑到显式差分方法收敛的条件性，同时随着个人计算机运算速度的提高，这种条件收敛的方法来求解模型的途径被逐步舍弃，在最新的 MT3DMS v5.00 版本中，GCG 已被设定为必选子程序包。

TOB 子程序包：这是 MT3DMS v5.00 版本新增的子程序包。在以前的版本中，用户可以根据需要将网格点处的计算浓度保存到观测孔的输出文件（.OBS）中。但如果网格中心点的位置与实际观测孔的位置不一致，则需要利用 MT3DMS 输出观测孔邻近各网格点的浓度，再通过后处理插值才能得到实际观测点处的计算浓度，过程相对繁杂。此外，在以前的 MT3DMS 版本中还不能保存源/汇单元的溶质通量。利用新增的 TOB 子程序包，这些难题将得到解决。通过 TOB 子程序包，用户可以保存任何观测点（无论观测点与模型的差分格点是否吻合）处的计算浓度，并与实际观测的浓度进行对比，同时还可以保存源/汇单元（体）的溶质通量。

FMI 子程序包：运移模型与水流模型耦合的接口子程序包。MT3DMS 本身不包括水流模拟程序，它需要与中心网格的有限差分水流计算程序联合使用，一般采用美国地质调查局（U.S. Geological Survey, USGS）公开发布的三维有限差分水流模拟程序 MODFLOW。因此，FMI 子程序包将会按照运移模型需要的格式来读取水流模型计算的水头和流量。

UTL 子程序包：包括若干个实用的公共模块，可供其他各主要的相关模块调用，以控制整个程序的输入和输出。

3.2.3　MT3DMS 的特点

3.2.3.1　程序结构的模块化

MT3DMS 采用了模块化结构，总的计算程序由上面介绍的各子程序包组成，每个子程序包中又包含若干个不同的模块以实现不同的功能。

首先，这种模块化结构便于用户准备输入文件。用户可以根据实际概化的模型选择调用不同的子程序包，进而又可依照不同模块的需要来准备相关的输入文件。例如，在 SSM 子程序包中，包含水井（Well）、沟渠（Drain）、河流（River）、面状补给（Recharge）、蒸散发（Evapotranspiration）和总水头边界（General-Head-Dependent Boundary）模块等多个不同的源汇项模块。在准备有关 SSM 项的输入文件过程中，用户只需要输入所选择模块的参数数据，程序就能得以顺利执行。如果一个模型中的源汇项只选择了水井和河流两个模块，那么在准备输入文件时就不需要考虑 SSM 子程序包中的其他模块。

其次，程序的模块化设计便于软件的升级，可对模块进行必要的增减。在 MT3DMS 的升级过程中，只要对升级模块及其调用程序语句进行相应的增删修改，而对其他源代码都不需要修改。正因为此，MT3DMS 能在相应水流模拟软件（MODFLOW）升级之后的较短时间内得到及时升级和更新，很多 MODFLOW 中附加的子程序包都能与 MT3DMS 兼容。例如，MT3DMS v5.00 以前的版本只能模拟计算单一层位的污染物浓度，为了与

MODFLOW 中的新增多结点井子程序包(Multi-Node Well Package，MNW)兼容，MT3DMS v5.00 版中及时增加了这一功能，能够模拟多结点井孔中的混合浓度，这里的多结点井是指过滤器穿过多个含水层的井孔，也可以是指单一含水层中包含多层结点的立井或包含多个结点的水平井。在 MT3DMS v5.00 版中新增与 MODFLOW 兼容的源汇项子程序包中还有沟渠回灌(Drain with Return Flow Package，DRT)和分段蒸散发(Evapotranspiration with Segments Package，ETS)等子程序模块。

另外，程序的模块化设计有利于某些用户对软件进行自定义。高级用户可以根据自己的需要，相对容易地耦合其他扩充功能模块(如 RT3D 或 PHT3D)，从而实现目前 MT3DMS 所不能模拟的(多组分之间的复杂化学反应)自然过程。

3.2.3.2　程序代码的公开化

与其他多数软件不同，MT3DMS 完全公开了程序源代码，而且对软件编制了详细的说明手册。一方面，源代码的公开有利于软件的推广应用。用户不但能够直接编译现成的源代码，而且可以根据实际的需要对软件进行必要的修改。例如，与 RT3D 结合可以模拟多组分污染物之间的化学反应；与 PHT3D 结合可以模拟多组分的地球化学反应；而在有关污染物运移的模拟-优化模型中，用户又可以将整个 MT3DMS 作为模拟-优化程序的一个子程序包。另一方面，源代码的公开和广泛使用又有利于该软件的改进。软件开发者可根据用户反馈，及时对软件进行维护和升级。同时，详细的用户手册也极大地方便了用户，使用户可以很快熟悉软件的结构和模块代码。对于初级用户，根据用户手册就能直接准备有关输入文件并运行软件；而对于高级用户，则可对源代码进行必要的修改，甚至与其他源代码进行耦合。

3.2.3.3　离散方法的简单化

有限元法和有限差分法是求解数学模型的最常用两种数值模拟方法。以前有不少有关这两种数值方法的优劣比较和争论，Gray 曾对这两种方法进行过详细的比较。但总地来说，它们没有太大的差别，实际工作中究竟采用哪种方法完全取决于个人的偏好。同 MODFLOW 一样，MT3DMS 也是采用有限差分方法进行数值模拟。但与有限元法相比较，有限差分法的一个最大特点就是采用等距或不等距的正交长方形(体)网格对含水层进行空间上的离散。尽管这种离散方法可能在加密点周围增加很多不必要的插值网格，但这种方法便于用户准备数据文件，易于输入文件的规范化。

而在时间上，MT3DMS 除延用 MODFLOW 中应力期(Stress Period)和时间步长(Time Step)外，还引入了运移步长(Transport Step)的概念。整个模拟时间分为若干个应力期，每个应力期又可再分为若干个时间步长，而每个时间步长可由运移模型根据精度需要自动分为若干个运移步长。在同一应力期，各时间步长既可以是等步长，也可以按一个规定的几何序列逐渐增长。这样做不但简化规范了输入的数据文件，而且使得物理概念更为明确。

3.2.3.4　求解方法的多样化

MT3DMS 区别于许多其他溶质运移软件的一个显著特点就是该软件包含多种求解方法，以适应实际运移模型不同部分求解精度的需要。针对运移模型中对流项求解的困难，MT3DMS 提供了 3 类方法供用户选择，包括标准有限差分方法(Standard Finite-Difference

Method)、基于粒子追踪的欧拉-拉格朗日方法(Particle-Tracking-Based Eulerian-Lagrangian Methods)和三阶总变异消减法(Third-Order Total-Variation-Diminishing Method，TVD)。由于在最新的 MT3DMS v5.00 版中，GCG 子程序包必选，因此现在的有限差分方法仅限于隐式差分方法，用户可以针对研究问题的实际和精度需要选择适当的欧拉-拉格朗日混合方法。该方法具体包括特征线法(Forward-Tracking Method of Characteristics，MOC)、改进的特征线法(Backward-Tracking Modified Method of Characteristics，MMOC)和混合特征线法(Hybrid Method of Characteristics，HMOC)等三种方法。对于对流占绝对优势的运移问题，用户可以选择求解精度很高的 TVD 方法来求解对流项。

3.2.4 MT3DMS 软件的应用现状

运用 MT3DMS 软件不但能模拟地下水中污染物的对流、弥散，而且能够同时模拟多种污染物组分在地下水中的运移过程以及它们各自的变化反应过程，包括非平衡吸附过程、平衡控制的等温吸附过程、放射性衰变及简单生物降解过程。其中，平衡控制的等温吸附过程又包括线性吸附和非线性吸附(Freundlich 和 Langmuir 两种等温非线性吸附)过程；非平衡吸附过程是基于一阶可逆变化的运动反应吸附过程。平衡吸附和非平衡吸附这两种过程均是指污染物在液相(溶解于地下水)与固相(被吸附于介质表面)之间的质量转化过程。而放射性衰变和生物降解过程则是指污染物在液相和固相中的消减过程，它是不可逆的一阶衰变过程。正因为 MT3DMS 具有以上诸多功能和特点，决定了该软件广泛适用于各种不同条件下地下水中污染物的运移问题，有关污染物的运移研究大都可采用 MT3D/MT3DMS 进行数值模拟。此外，利用双重区域介质理论，MT3DMS 还可以用来模拟高度非均质裂隙介质中的污染物运移。

除以上提到的 MT3DMS 的几个特点外，用户还可以根据自己的需要，通过比较简单的操作完成与其他扩充功能模块的结合，从而应用到更多目前 MT3DMS 所不能模拟的过程中。如 Guo 等以 MT3DMS 为核心，开发出来考虑地下水密度变化的 SEAWAT 软件，可用于海水入侵过程的实际模拟。Prommer 等将 MT3DMS 与 PGREEQC-2 结合，开发了 PHT3D 软件，可以模拟许多地球化学反应对污染物(溶质)运移的影响。Zheng 和 Wang 将 MT3DMS 与优化方法相结合，用于污染物治理方案的最优设计，并开发了用于地下水污染治理和含水层修复方案设计的模拟优化软件。而最近 Wu 等将 MT3DMS 与优化方法相结合，成功地应用于确定条件下污染物长期监测网的优化设计中。

虽然 MT3DMS 本身并不包含图形用户界面(Graphical User Interface，GUI)，但利用 MT3DMS 自身携带的后处理程序 PostMT3D|MODFLOW (PM)，结合 Surfer 和 Tecplot 等功能强大的绘图软件可作为 MT3DMS 的图形后处理工具。此外，有些很好的图形用户界面，如 Model Viewer，也可作为 MT3DMS 的后处理工具。

另外，很多以 MT3DMS 源代码为溶质运移模拟内核的商用软件，如 Groundwater Modeling System (GMS)，Visual MODFLOW 和 Groundwater Vistas (GV)等，其本身就有很好的图形界面。需要说明的是，近年来这些商用软件的推广也一定程度上促进了 MT3DMS 的广泛应用。因为这些商用软件汇集了 MODFLOW、MOC3D、MT3DMS 和 RT3D 等多个水流和溶质运移软件包，在利用这些软件模拟溶质运移问题时常常还是选择其中的 MT3DMS

菜单选项,只不过这些图形界面更具直观性和易操作性,同时还能作为 MT3DMS 软件运行的前处理和后处理平台。对于初级用户来说,这些商用图形界面相对应用较广,但就其本质来说,仍然是 MT3DMS 软件的应用;而对于高级用户来说,MT3DMS 软件因其模块化结构的易添加性,其源代码应用更为广泛。

3.3　SEAWAT 模型

SEAWAT 是模块化的三维有限差分地下水流和溶质运移耦合模型,于 1998 年被开发,后经过几次重大改进,部分代码被大幅度修改甚至重新设计,使 SEAWAT 模型不仅能模拟由咸淡水浓度的差异引起的变密度溶质运移问题,还能模拟由浓度差异和温度差异同时引起的变密度溶质运移问题,使 SEAWAT 模型功能较早期版本得到实质性的提升。SEAWAT 模型通过耦合运行地下水流模型 MODFLOW 和地下水溶质运移模型 MT3DMS 来求解,求解过程中包括三大循环:应力期循环、时间步长循环和耦合求解循环。应力期循环分为多个应力期,所有的外应力如抽水量、蒸发量、降水量等在每一个应力期内保持不变。每个应力期分为多个时间步长,每个时间步长内的地下水位和地下水中溶质浓度通过对地下水流和溶质运移有限差分方程组的耦合来求解。这样,可以得到每个应力期(甚至每个时间步长)结束时的流场和浓度场。

SEAWAT 模型沿用了 MODFLOW 模型的模块化概念,保留了 MODFLOW 模型的部分子程序包,包括全局子程序包(GLO)、恒密度地下水流子程序包(GWF)、观测子程序包(OBS)、敏感度子程序包(SEN)和参数估计子程序包(PES),同时加入了变密度地下水流子程序包和整合的 MT3DMS 污染运移子程序包(IMT)。SEAWAT 模型沿用了 MODF-LOW 原有的解法子程序来求解,包括强隐式解法子程序(SIP)、分层逐次超松弛解法子程序(SSOR)、预调共轭梯度解法子程序(PCG)、直接求解解法子程序(DE4)和联合代数多格栅解法子程序(LMG)。须知不同的求解方法具有不同的特点,求解结果也略有不同,所以使用者需要选择最适合的解法,使 SEAWAT 模型的模拟结果更贴近实际情况。

3.4　SWAT 模型

水文模型的研究和应用,为人们提供了一种科学认识与合理利用水资源的重要工具和方法,为水资源管理和决策提供了重要的科学依据。因此,在水文科学的发展进程中,水文模型一直是研究的重要分支和热点问题。此外,水循环过程深刻地影响着自然界生态系统的结构和演变及一系列的物理、化学和生物过程,也影响着人类社会的发展和人们的生产生活。水循环过程在陆地圈-生物圈-大气圈的相互作用中占有重要的地位。所以,水文模型不仅在水循环研究领域有着重要的地位,在与水循环有关的其他系统的研究中,水文模型也发挥着十分重要的作用。水文模型不仅是水文科学研究领域的重要内容,也是与水循环有关的其他领域的重要研究工作。

全面而深刻地认识水循环过程有助于发展高效、可靠的水文模型,为在变化环境下准确估算并合理调配水资源以及资料稀缺地区的洪水预报等提供可靠的技术保障。在流域尺度范围内,目前主要存在两种不同的角度来认识流域水文过程,与之相应的是两大类的水文模型。其中一种角度则是将降雨径流过程视作一个整体,结合大量的观测数据,概化出简单可靠的时空规律来揭示降雨进入陆表后是如何划分为径流、蒸发等成分的。与之对应的是各种各样的概念性集总式流域水文模型。另一种角度是将降雨径流过程细分为不同的物理过程,包括潜在蒸散发、实际蒸散发、下渗、地表径流、壤中流、地下水补给、基流及河道汇流等过程;并依据动能定理、动量定理以及物质和能量守恒定理等,考虑不同的初始和边界条件,详细地描述每一个物理过程。与之对应的是各种各样的分布式物理水文模型。

在计算机出现之前,水文模拟大多数是针对单一过程。20世纪50年代后期,伴随计算机出现及其引入水文学研究领域,国际水文界才提出了"流域模型"概念,并开始将流域水循环多过程作为整体系统进行研究。出现了第一个流域水文模型——美国Stanford模型。20世纪60年代至80年代中期,概念性集总式流域水文模型进入蓬勃发展时期,国际上出现了一些著名的模型,例如,多年尺度的Budyko模型、月尺度的"abcd"模型以及日尺度的新安江模型、SCS模型等。80年代后期,由于集总式流域水文模型自身的局限性,几乎没有突破性进展。在计算机计算能力快速发展的驱动下,以及GIS/RS等新技术引入到水文模型研制中,具有物理机制的分布式水文模型得到了快速发展,国际上诞生了一些著名的模型,如SHE、SWAT、VIC及HIMS等模型。

3.4.1 概念性集总式流域水文模型

常用的概念性集总式流域水文模型包括日尺度下的SCS模型、月尺度下的"abcd"模型和多年尺度下的Budyko模型。

3.4.1.1 SCS模型

在日/事件尺度下,降水到达下垫面后会形成地表径流,总降水量(P)被划分为地表径流量(Q_d)和总滞蓄量(W)。美国农业农村部水土保持局基于大量观测数据分析而提出了在世界范围内被广泛应用的SCS模型。该模型认为总滞蓄量(W)由初始滞蓄量(I_a)和持续滞蓄量(F_a)组成,并进一步提出等比假说:随着降水量(P)趋于无穷,若地表径流量(Q_d)趋于无穷,而持续滞蓄量(F_a)趋于潜在滞蓄量(S),那么,地表径流(Q_d)与净雨量($P-I_a$)之比等于后续滞蓄量(F_a)与潜在滞蓄量之比(S):

$$\frac{F_a}{S} = \frac{Q_d}{P-I_a} \tag{3-1}$$

式中:I_a为初始滞蓄量,S为潜在滞蓄量,二者是模型的参数。

为了便于在生产实践的应用,通过田间试验,SCS模型建立了I_a和S之间的关系,并通过此关系将模型简化为只有一个参数(S/CN)的水文模型,并详细研究了模型参数的控制因子。研究发现土壤类型、土地利用类型以及前期降水量等流域特性对S/CN的影响较大,并给出了定性描述的不同土壤、土地利用及前期降水条件下对应的CN值。这种参数化方案由于简单可行,使得SCS模型在世界范围内得到广泛的应用。之后,有很多研究进一步研究了CN的控制因子,引入了静态下渗率、降水强度等,从而进一步改进了SCS模型。

3.4.1.2 "abcd"模型

为了估算月尺度下的水资源量,哈佛大学水文学家 Thomas 提出了一个非线性的概念性水文模型——"abcd"模型。该模型由于结构简单被用于研究年水量平衡中土壤水储量的控制因素。其中,模型的核心——描述降水量、蒸发量以及土壤含水量变化关系的方程是一个与公式(3-1)形式相似的方程:

$$\frac{Y_t}{W_t} = \frac{1+\dfrac{b}{W_t} - \sqrt{\left(1+\dfrac{b}{W_t}\right)^2 - 4a\dfrac{b}{W_t}}}{2a} \tag{3-2}$$

式中:Y_t 为可能蒸发量;W_t 为有效水量;a、b 为模型的参数。

关于月尺度下的"abcd"模型的参数控制因子的研究相对比较缺乏。模型的开发者指出降水量、蒸发量以及土壤含水量变化关系的方程中的两个参数的可能影响因素做了描述,指出地形的海拔高差(relief)以及河网密度(drainage density)会对参数 a 有影响,而土壤含水量的饱和度会对参数 b 产生影响。近期,有学者发现流域平均 NDVI 和降水频率对"abcd"模型核心的两个参数有显著的影响,并据此提出了相应的月水量平衡的模型参数化方案。

3.4.1.3 Budyko 模型

在多年尺度下,即土壤含水量的变化趋近于 0 时,基于大量的数据观测,俄国气象学家 Budyko 提出,降水划分到径流和蒸发主要是受气候控制,并给出了无参数的 Budyko 方程来描述这一关系。近年来,我国科学家傅抱璞从水热耦合平衡的角度出发,推导出了一参数的 Budyko 方程;杨汉波等从数学分析的角度也推导出了一参数的 Budyko 方程。除上述提到了各种一参数的 Budyko 方程外,近年有学者将等比关系运用到多年水量平衡方程中,推导出了一参数的 Budyko 方程:

$$\frac{E}{P} = \frac{1+E_p/P - \sqrt{(1+E_p/P)^2 - 4\varepsilon(2-\varepsilon)E_p/P}}{2\varepsilon(2-\varepsilon)} \tag{3-3}$$

式中:E 为多年平均蒸散发量;P 为多年平均降水量;E_p 为多年平均潜在蒸散发量;ε 为模型的参数。

此外,还有学者基于 L'vovich 提出的两级多年水量平衡方程,运用等比关系推导出了四个参数的概念性年水量平衡模型。

多年尺度下的 Budyko 模型通常只有一个参数,借助不同的描述降水和下垫面特性的指标,诸多研究探讨了模型参数的控制因子,并且发现:降水强度、历时和降水频率等降水特性,植被类型和覆盖度、植被时间上的动态变化、根深等植被特性,土壤的持水和入渗能力等土壤特性以及流域平均坡度等地形特性均对模型参数有影响。近期,有学者综合现有的描述流域特性的指标,基于四参数的概念性年水量平衡模型系统诊断了模型参数的主要控制因子,并给出了相应的参数化方案。

可以看到,虽然概念性集总式流域水文模型具有结构简单、结果可靠等优势,在生产实践中尤其是在资料稀缺地区被广泛用于洪水预报以及不同时间尺度下水资源总量的估算等。但由于该类模型是对流域水文过程的一种高度概括,模型参数是流域水文过程各种控制因子的综合简化。因此，该类模型的参数很难直观地反映流域水文过程的控制因子（如流域平均坡度、植被覆盖度、降水频率等）。这就使得运用概念性集总式流域水文模型认识流域水文过程具有局限性，从而限制了基于该类模型的下垫面变化对水文过程的影响研究以及该类模型在缺资料地区的应用推广。

3.4.2　分布式水文模型

Freeze 和 Harlan 于 1969 年首先提出了分布式水文模型的概念。由于模型对资料的要求高，加之对计算机的要求也比较高，使得分布式水文模型在 20 世纪 80 年代以前发展缓慢。分布式水文模型的快速发展开始于 20 世纪 80 年代以后。国外主要的分布式水文模型包括 SHE 模型、IHDM 模型、TOPKAPI 模型、SWAT 模型、VIC 模型等。SWAT 模型作为分布式水文模型的典型，能从流域水循环的物理机制入手，一方面能够模拟流域水文过程的各环节，全方位地获悉流域各水文要素状态及变化过程；另一方面能够模拟和预测气候波动和下垫面条件改变等变化条件下的流域水文应特征。自开发以来，在过去的几十年，已经广泛应用于世界不同区域，在针对人类活动、气候变化或其他因素对大范围降水的影响及对未来的预测性评价等方面均取得了一定的研究成果，经过几十年的发展与应用，模型的适应性已经在世界范围内的很多流域得到印证，具有广泛的适用性和稳定性。本章将以 SWAT 模型为例，详细介绍分布式水文模型的原理、结构及操作技巧等。

3.4.2.1　SWAT 模型的特点

Neitsh 等总结了 SWAT 模型的主要特点：第一，与其他类型的流域水文模型相比，该模型是基于物理过程建立的。因此，模型可以在缺乏观测资料的流域进行模拟，不同输入数据（如管理措施的变化、气候和植被等）对水质或其他变量的相对影响可以定量化。第二，输入数据易获取，水文学家指出运行模型所必需的基本数据可以较为容易地从政府部门得到。然而这一点对于目前我国大部分的研究人员而言相对困难，特别是在一些较小的流域中。第三，运算效率高。第四，模型将流域分为亚流域进行模拟，可进行研究流域内不同面积的土地利用模拟。第五，能够进行长时间模拟。Romanowicz 等认为 SWAT 模型也具有水文模型通常具有的局限性。模型局限性的产生与模型使用的数据、模型本身的不足和在不适用的情形下使用模型有关。SWAT 模型的局限性包括以下几方面：第一，大尺度的水文模拟中难以反映降水量的空间差异，如果缺失的日降水天数过多，模型则很难弥补。第二，天气发生器只能在一点产生天气序列，而大尺度所需要的、能够进行空间相关性的天气发生器还没有开发出来。第三，SWAT 模型假定流域中的每个 HRU 含有相同的特征。但在实际中，却不一定总是如此，尤其是当流域中的一种土地利用具有不同地形特征时。第四，在 SWAT 模型中通常不考虑较小面积的土地利用，然而有些情况下这些小面积区域的水文效应可能远大于相同面积的其他土地利用类型。第五，SWAT 模型不能用来模拟详细的基于场次的洪水和泥沙演算。第六，泥沙演算方程过于简化。水库演算是源于小水库开发的，是基于完全混合的假设，没有考虑对出流的控制。

可见，SWAT 模型有自身的优势但也存在一定的弊端，特别是当使用 SWAT 模型进行日平均或者月平均时间序列模拟时，这些局限性更加明显。因此，在使用 SWAT 模型的过程中应着重解决以下问题：①地表径流对于参数 CN 的敏感性以及地表径流基流部分的确定;②水文响应(输出)和水文特性(输入)的非线性关系;③模型的尺度效应;④大量模型参数的率定。

3.4.2.2 SWAT 模型的应用与发展

SWAT(Soil and Water Assessment Tool)(Arnld, et al.,1998)是由美国农业农村部农业研究中心(USDA-ARS)开发的流域尺度模型。模型开发目的是在具有多种土壤、土地利用和管理条件的复杂流域中,预测长期土地管理措施对水、泥沙和农业污染物的影响。

过去几十年,SWAT 模型已经广泛应用于世界不同区域,多数是为了满足政府部门的需要。尤其在美国和欧盟,针对人类活动、气候变化或其他因素对大范围降水的影响进行直接评价或对模型未来应用的实用性进行探测性评价。具体来说,SWAT 模型在流域水量平衡、长期地表径流以及日平均径流模拟等方面得到了广泛应用,在产沙量、农药输移、非点源污染等方面得到了初步应用。Gassman 等总结了 113 个应用 SWAT 模型进行率定和验证结果的评价参数确定性系数(R^2)和 Nash-Sutcliffe 效率系数(ENS),文献中大部分评价结果令人满意,但也有部分结果表现不好。SWAT 模型相关文献中约 50%涉及一种或几种污染物流失指标。Gassman 等总结了 37 个应用 SWAT 模型进行污染物流失模拟的研究。尽管模拟精度比水文模拟低,但多数研究对污染物预测的模拟都满足相应标准。然而也有部分模拟效果不理想,尤其对于日尺度,主要原因是输入数据对流域特征的描述不充分、为率定的污染物运动模拟和污染物实测数据的不确定性等。SWAT 模型研究成果为研究任意 CO_2 浓度变化和气候输入对植被生长、径流量和其他因素的影响提供了有意义的借鉴。研究中应用的主要方法为大气环流模式(GCMs)与区域气候模式(RCMs)耦合预测的气候变化情景降尺度方法等。

随着 SWAT 模型应用的日益广泛,模型的研发团队也对其进行了不断的改进和完善,SWAT 模型自 20 世纪 90 年代初开发以来,模型的主要版本经历了很多代的发展,目前逐步流行基于 ArcGIS 界面的 ArcSWAT 版本。此外,由于该模型有一定的适用范围,在具体应用时要进行改进和提高,所以存在一些改进形式。SWAT 模型在地下水模块采用的是集总式的,Krysanova 等结合 SWAT 模型和 MODFLOW 模型的长处,开发出 SWAT-MOOD 模型,并应用于美国堪萨斯州的 Rattlesnake Creek 流域。Eckhardt 等在研究德国中部低山地区时,发现该研究区域主要为陡坡和覆盖在基岩上的浅层土壤含水层,地下水对径流的贡献率较小,产流形式以壤中流为主的特点,修正了 SWAT 模型中渗透和壤中流的计算公式,开发了 SWAT-G 模型。Griensven 和 Bauwens 在研究比利时的 Dender 流域时,把 QUAL2E 模型集成到 SWAT 模型中,增强了 SWAT 模型的水质模拟功能,开发出了 ESWAT 模型等。

SWAT 模型除模型自身的不断发展外,其与 GIS 和其他界面工具相结合也经历了不断的发展过程。SWAT 模型开发的第一个 GIS 界面程序是建立在栅格数据基础上的 SWAT/GRASS。Haverkamp 等在输入输出 SWAT(IOSWAT)软件包中采用了 SWAT/GRASS,同时与地形参数工具(TOPAZ)相结合,为 SWAT 和 SWAT-G 模型提供了输入和输出数据的图形功能。AVSWAT 系列界面设计用于从 ArcView3.x GIS 数据层生成模型输入,并在同样结构下运行 SWAT2000、SWAT2005。AGWA(Automated Geospatial Watershed Assessment)界面评价工具也是一个基于 ArcView 的界面工具,为 SWAT2000 和

KINEROS2 模型提供输入数据。最近,在满足分量目标模式(COM)协议基础上,应用地理数据库的方法及设计结构,开发了与 ArcGIS9.x 集成的 SWAT 界面(ArcSWAT),同时也开发了 ArcGIS 9.x AGWA(AGWA2)。随着 SWAT 模型的发展,陆续开发了许多工具,包括:①交互式 SWAT(i_SWAT);②资源保护计划决策支持系统(CRP-DSS);③Kannan 等使用的自动运行系统为 SWAT 模型的参数选择提供了便利;④一般界面(iSWAT)程序为 SWAT 参数率定过程中的反复迭代运算提供了自动运行程序等。

SWAT 模型自开发以来,在过去的几十年中已经广泛应用于世界不同区域,在针对人类活动、气候变化或其他因素对大范围降水的影响及对未来的预测性评价等方面均取得了一定的研究成果,经过几十年的发展与应用,模型的适应性已经在世界范围内的很多流域得到印证。可见,SWAT 模型具有广泛的适用性和稳定性,其研究结果是值得信任的。

3.4.2.3 SWAT 模型的原理

SWAT 模拟的流域水文过程可分为产流和坡面汇流及河道汇流部分。产流和坡面汇流控制着子流域内主河道的水、沙、营养物质和化学物质等的输入量;后者决定了水、沙等物质从河网向流域出口输移的运动。

1.产流和坡面汇流

在实际的计算中,产流和坡面汇流一般要考虑气候、水文和植被三个方面的因素。

1)气候

流域的气候(特别是降水和能量的输入)控制着水量平衡,决定了水循环中不同要素的相对重要性。SWAT 模型需要输入的气候因素变量包括降水量、最大最小气温、太阳辐射、风速和相对湿度。这些变量的数值可通过模型自动生成,也可直接输入实测数据。

2)水文

降水可被植被截留或直接降落到地面形成净雨。降雨的一部分下渗到土壤,另一部分则形成地表径流。地表径流快速汇入河道,对短期河流的响应起到很大贡献。下渗到土壤中的水可留存在土壤中,一部分通过植物的蒸腾作用回流到大气,一部分则直接通过土壤蒸发等被消耗掉,剩余部分则经由地下路径形成地下径流缓慢汇入河道。SWAT 模型通过一系列的模型或者经验公式来表达这些过程,具体如下。

(1)冠层蓄水。当采用 Green & Ampt 计算地表径流时需要单独计算冠层的截留量。计算的主要输入为:冠层最大蓄水量和时段叶面积指数(LAI)。当计算蒸发时,冠层蓄水首先蒸发。

(2)地表径流。SWAT 模拟地表径流量和洪峰流量是通过 SCS 方法或 Green & Ampt 方法计算。洪峰流量的计算采用推理模型。它是子流域汇流期间的降水量、地表径流量和子流域汇流时间的函数。此外,SWAT 还考虑到冻土上地表径流量的计算。

(3)下渗。SWAT 模型计算下渗主要考虑两个主要参数,一是初始下渗率(取决于土壤前期湿度和供水条件),二是最终下渗率(等于土壤饱和水力传导度)。当用 SCS 曲线法计算地表径流时,由于计算时间步长为日,不能直接模拟下渗。下渗量的计算基于水量平衡。Green & Ampt 模型可以直接模拟下渗,但需要次降水数据。

(4)重新分配。是指降水或灌溉停止时水在土壤剖面中的持续运动。它是由土壤含水量的不均匀引起的。SWAT 模型中重新分配的过程是采用了存储演算技术,该技术可预测根系区每个土层中的水流。当一个土层中的蓄水量超过田间持水量，而其下的土层处于非饱和态时，便产生渗漏。渗漏的速率由该图层的土壤饱和水力传导率控制。土壤水的重新分配受土壤温度的影响，当土壤温度低于零度时该土层中的水将停止运动。

（5）潜在蒸散发。SWAT 模型中根据输入的气象数据的变量，可通过有三种方法计算求得，这三种方法包括 Hargreaves、Priestley-Taylor 及 Penman-Monteith 方法。其中，Penman-Monteith 所要求的气象变量最多。

（6）实际蒸散发。包括水面蒸发、裸地蒸发和植被蒸腾三部分。SWAT 模型中的蒸发和植物蒸腾是被分开模拟的。潜在土壤水蒸发由潜在蒸散发和叶面指数间的经验公式估算求得。实际土壤水蒸发用土壤厚度和含水量的指数关系式计算求得。植物蒸腾由潜在蒸散发和叶面指数的线性关系式计算。

（7）壤中流。壤中流的计算与重新分配同时进行，用动态存储模型预测。该模型考虑到水力传导度、坡度和土壤含水量的时空变化。

（8）地下径流。SWAT 模型将地下水分为浅层地下水和深层地下水。其中，浅层地下径流汇入流域内的河流，而深层地下径流汇入流域外的河流。

（9）支流河道。SWAT 模型在一个子流域内定义了两种类型的河道，包括主河道和支流河道。支流河道不接受地下水。模型可根据支流河道的这一特性计算子流域汇流时间。

（10）运移损失。这种类型的损失发生在短期或间歇性河流地区（如干旱半干旱地区），该地区只在特定时期有地下水补给或全年无地下水补给。当支流河道中运移损失发生时，就需要调整地表径流量和洪峰流量。

（11）池塘。池塘是子流域内截获地表径流的蓄水结构。池塘被假定为远离主河道，同时不接受上游子流域的来水。池塘的蓄水量是池塘蓄水容量、日入流量和出流量、渗流量和蒸发量的函数。

3）植被

SWAT 模型利用一个单一的植物生长模型模拟所有类型的植被覆盖。植物生长模型能区分一年生植物和多年生植物。被用来判定根系区水和营养物的移动、蒸腾和生物量或产量。

2.河道汇流

河道汇流主要考虑水、沙、营养物（N、P）和杀虫剂在河网中的输移，包括主河道以及水库的汇流计算。

1）主河道（或河段）汇流

主河道的演算包含四个部分：水、泥沙、营养物和有机化学物质。其中，进行洪水演算时若水流向下游，其一部分径流将被蒸发和通过河床流失，另一部分可能被人类取用。补充的来源为直接降水或点源输入。河道水流演算多采用变动存储系数模型或马斯京根法。

2）水库汇流演算

水库的水量平衡的各要素包括入流量、出流量、降水量、蒸发量和渗流量。在计算水库出流时，SWAT 模型提供了三种估算出流量的方法以供选择：一是输入实测出流数据；

二是对于小的无观测值的水库,定义一个出流量;三是对于大型水库,需要一个月调控目标。

3.4.2.4 SWAT模型的结构

SWAT模型主要用来预测人类活动对水、沙、农业、化学物质的长期影响。它可以模拟流域内多种不同的水循环物理过程,包括水文、气象、泥沙、土壤温度、作物生长、养分、农药/杀虫剂和农业管理等过程。具体包括可以模拟地表径流、入渗、侧流、地下水流、回流、融雪径流、土壤温度、土壤湿度、蒸散发、产沙、输沙、作物生长、养分(氮、磷)流失、流域水质、农药/杀虫剂等多种过程,以及多种农业管理措施(耕作、灌溉、施肥、收割、用水调度等)对这些过程的影响。模型的结构示意图如图3-1所示。

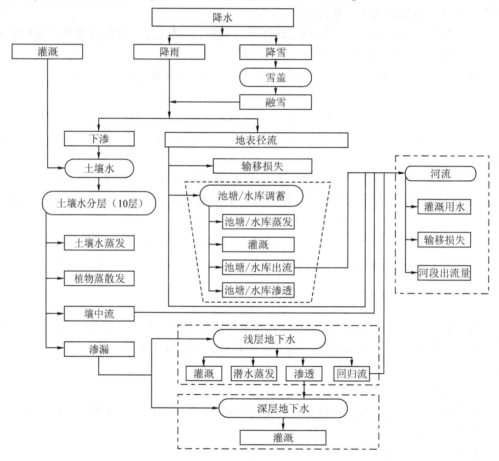

图3-1　SWAT模型结构示意图

3.4.2.5 SWAT模型的运行模拟

1.水文响应单元(HRU)的划分

由于流域下垫面和气候因素具有时空变异性,为了提高模拟的精度,SWAT模型通常将研究流域细分成若干个单元流域。流域离散的方法有三种:自然子流域(subbasin)、山坡(hillslope)和网格(grid)。水文响应单元(HRU)是指下垫面特征相对单一和均匀的区域,在这个区域中的网格具有相似的水文特性。流域内蒸发量随植被覆盖和土壤的不同而变化,可通过水文响应单元(HRU)的划分来反映这种变化。每个 HRU 都单独计算径流量,然后演算得到流域总径流量。自然子流域中的下垫面极少具有单一、均匀的特征,多为多种植被类型和土壤类型相互组合形成的复杂的下垫面,这就增加了水文过程的复杂性。因此,为了反应流域内不同植被和土壤覆盖下的水文过程的差异,同时减少模拟的复杂程度,SWAT 模型对每个子流域进行水文响应单元(HRU)的划分,使得研究流域中每个 HRU 只有一种植被类型和一种土壤类型。

SWAT 模型在生成 HRU 时,必须完成研究流域土地利用图和土壤分布图的定义,之后通过空间叠加将二者融合。在此基础上,模型提供了两种方法来划分水文响应单元:一种是按照子流域内占主要类型的土地利用类型和土壤类型进行叠加,将叠加的只具有单一下垫面的特性附加到子流域的每一个水文响应单元上。另一种方法是多个水文响应单元法,具体需要两步来确定:第一步是确定土地利用面积阈值,通过该阈值来确定子流域内需保留的最小的土地利用的面积;第二步则是确定土壤面积阈值,该阈值用来确定需保留的最小土壤类型的面积。

2.模拟方法的选择

SWAT 模型在模拟水文过程时对每一水文过程都引入了相应的物理机制及数学表达式去模拟和估算。针对某些水文过程的模拟,模型采用了默认的方法进行,如壤中流、冠层存储量、土壤侵蚀量的计算等;针对另一些水文过程,如潜在蒸散发量、降雨分布等用户则需结合流域的实际情况选择适宜的模拟方法。以下将以几个主要的水文过程模拟方法的选择为例进行阐述。

1)降雨分布模拟

SWAT 模型提供了偏正态分布和混合指数分布两种来模拟降雨的分布。其中,偏正态分布是正态分布的一种推广,它是将正态分布中引入形状参数而得到的一类新的分布,其中形状参数是用来刻画分布的偏度,偏正态分布在处理有偏、重尾、多峰性数据时有很好的效果。混合指数分布则是寿命数据分析中一个非常重要的统计模型,但是利用正规的统计方法如矩估计、极大似然估计等估计模型的参数往往比较困难。因此,通常会选择偏正态分布来模拟降雨量分布。

2)潜在蒸散发的模拟

目前,有很多估算潜在蒸散发量的方法,如前所述 SWAT 模型引入了其中三种:Hargreaves 方法、Priestly-Taylor 方法及 Penman-Monteith 方法。此外,用户还可以直接输入其他方法计算潜在蒸散发量。不同方法需要的输入变量有所区别,也具有各自的优缺点。其中,Hargreaves 方法所需变量最少,一般只需要输入观测的气温即可估算得到日蒸散发量,所需参数易获得,但该方法对蒸散发的物理机制不能很好地反应。Priestly-Taylor 方法需要的参数相对较多,包括日均太阳辐射、日均气温、相对湿度。该方法是一种简化的方法,适用于通常较湿润的地表地区。在半干旱或干旱地区,由于能量平衡的对流过程显著,该方法可能会低估该类地区的潜在蒸散发量。Penman-Monteith 方法需要的变量最多,包括日均太阳辐射、气温和相对湿度,但该方法考虑了能量平衡、水汽扩散理论、空气动力学等;当输入的气象数据以小时为步长时,计算叠成的日值最为精确;但用户如果采用日平均值代入估算日潜在蒸散发量,则有可能导致较大的偏差,这是因为风速、湿度和净辐射的日均分布使得日均参数值会偏离实际情况。研究可以结合收集的气象数据及流域的真实情况，采用适宜的方法对流域的日蒸散发量进行模拟估算。

3）河道演算的模拟

SWAT 模型提供了变量储存系数法和马斯京根法两种方法进行径流的河道演算。马斯京根法由于对圣维南方程组进行了简化，同时运用最小二乘法来进行优化计算，使其使用方便、水力学概念清晰，并且计算结果可靠。因此，在天然渠道和河流的洪水演进计算中运用广泛。但值得注意的是，马斯京根法在进行河道演算时，对演算时段的要求比较高，如果演算时段的时间过长，流量在演算时段内将不成直线变化，这与方程存在的假设前提相矛盾，太短则会不符合流量延程呈直线分布的前提，而演算时段一般是小时(h)数量级，这就要求研究在进行方法选择时应注意不同方法的前提假设。

3.参数的敏感性分析

模型运行成功后，就要检查模型的运行结果是否与观测结果相吻合，如果不吻合，就需要对模型进行参数校准。由于分布式水文模型涉及的参数众多，如果直接进行参数校准，不仅工作量大，而且缺乏准确的目标，最终不一定能达到预期的效果。因此，在进行参数校准以前通常会对模型的参数进行分析，确定出影响模型模拟结果的敏感性参数，有的放矢地进行参数调整。

SWAT 模型中参数敏感性分析方法采用的是 LH-OAT 分析方法。该方法是在 1991 年由 Morris 提出的，此方法融合了数理统计学中两种经典的检验参数敏感性的方法：LH (Latin Hypercube) 抽样法和 OAT (One-factor-At-a-Time) 灵敏度分析方法的敏感分析方法。融合后的这种方法优点在于：模型每运行一次，只有一个参数值存在变化。因此，可以直接确定输出结果的变化是由某一特定输入参数的变化引起的。此外，该方法还结合了 LH 的优点，可有效地获取影响模型结果的主要参数因子。

4.自动校准过程

通常，SWAT 模型本身或者其辅助工具均提供自动校准功能。该功能可根据参数敏感性分析的结果，选定需要校准的参数，然后根据流域内的某个水文观测站的观测数据对模型的参数进行自动校准。用户只需选定测站后，输入该测站相关的观测文件。模型提供了多种途径进行参数校准，如通过径流、泥沙、总氮等实测数据的一种或几种数据进行校准。值得注意的是，SWAT 模型的自动校准过程更确切地说应该是参数优化的过程，在模型参数优化结束后，模型自身并不会自动完成校准过程，要想用优化后的参数运行模型，模型开发者为用户提供了两种途径：一是在 SWAT 界面中手动修改优化后的参数值，另一种途径则是直接更新模型中的数据表。

5.手动校准过程

手动校准是弥补自动校准中由于方法或者计算能力的局限，无法获得满意的模拟精度的缺陷而使用的一种参数校准方法。该方法遵循自动校准的原则，根据敏感性分析中优选出的敏感性参数作为参数校准的目标参数，通过修改参数—模拟运行—结果输出—结果对比等步骤的循环操作，使模型的最终模拟结果达到要求的模拟精度，手动校准结束。

6.模拟精度评价指标

通常,评价模型模拟精度的指标有很多,一般比较常用的包括 Nash–Sutcliffe 效率系数(NSE)、相对误差(Re)以及月决定系数(R^2)。当模型在参数校准过程中满足设定的模型精度后,通常还需在此基础上,再代入另一组实测数据对模型进行验证,同样满足以上精度时,则可认为校准后的模型适用于研究流域。

3.5 用户友好型图形界面

在计算机图形学、可视化技术、人机交互的发展过程中,具有可视化功能的地下水用户友好型图形界面迅速发展,其中效果较好且得到广泛利用的有 FEFLOW、GMS、Groundwater Vistas、Visual MODFLOW 等。这些地下水用户友好型图形界面在涉及水文地质和地下水环境的各个领域的研究中发挥了重要作用,如地下水资源评价、地下水污染物运移、地下水与地表水联合利用、基坑降水、地面沉降,以及防渗墙和大坝等工程对地下水的影响等,成为解决地下水资源管理问题不可或缺的重要工具。

3.5.1 Groundwater Vistas 用户友好型图形界面

美国 Environmental Simulations International 公司研发了 Groundwater Vistas(GWV)三维地下水流和溶质运移用户友好型图形界面,功能齐全,使用方便。有五种不同的使用模式可供用户选择:学习模式(Student Version)、标准模式(Standard Version)、高级模式(Advanced Version)、专业模式(Professional Version)、最优模式(Premium Version)。学习模式(Student Version)为免费版,但是功能非常简单,只供学习使用该用户友好型图形界面而设置;后四种模式为付费模式,可供专业技术人员进行地下水资源和地下水污染定量评价使用。

当 Groundwater Vistas 用户友好型图形界面处于学习模式(Student Version)下运行时,模型网格剖分限制为 50 行、50 列、3 层,且只有部分功能供使用,仅供初学者练习。当 Groundwater Vistas 用户友好型图形界面处于标准模式(Standard Version)下运行时,对模型网格剖分无任何限制,可使用 MODFLOW、MODPATH、MT3DMS、PATH3D、RT3D 等国际通用的地下水流和溶质运移模型。Groundwater Vistas 用户友好型图形界面的高级模式(Advanced Version)是标准模式(Standard Version)的升级,除具备标准模式下所有功能外,还包括:

(1)随机 Monte Carlo 方法改进的 MODFLOW、MODPATH 和 MT3DMS 等国际通用的地下水流和溶质运移模型。

(2)变密度地下水流和溶质运移模型 SEAWAT 模型(用于海水入侵和热量传递研究)。

(3)自动参数灵敏度分析。

(4)参数校正模型(PEST、UCODE)和优化模型(MODOFC、Brute Force)。

(5)兼容 MODFLOW-SURFACT(HydroGeoLogic,Inc.研制开发的基于 MODFLOW 的模型)和 MODFLOWT(GeoTrans,Inc.研制开发的基于 MODFLOW 的模型)。Groundwater

Vistas 用户友好型图形界面的专业模式(Professional Version)是高级模式(Advanced Version)的升级,包括了 GW3D 等绘图工具的使用,加快了 Monte Carlo 随机模拟和自动灵敏度分析的运行速度。Groundwater Vistas 用户友好型图形界面的最优模式(Premium Version)是专业模式(Professional Version)的升级,改进了算法,使得模型运行时间大幅缩短,并增加了自动模型参数校正功能,方便模型自动校正和调参。

Groundwater Vistas 用户友好型图形界面设计合理,简单易学,操作快速,性能稳定,其主要的特点有:

(1)输入输出数据格式种类较多,可输入输出 ASCII 文本文件、Excel 文件、MODFLOW 文件、Surfer 文件、Shapefile 文件等,数据格式转化方便。

(2)可使用区域单元模式(Zone)设置水文地质参数,也可以使用矩阵编辑器(Matrix Editor)模式设置水文地质参数。

(3)可兼容其他用户友好型图形界面,如 Visual MODFLOW、Groundwater Modeling Systems(GMS)。

(4)价格便宜,标准模式(Standard Version)和高级模式(Advanced Version)的价格仅为同类用户友好型图形界面的 1/2 左右,而专业模式(Professional Version)和最优模式(Premium Version)的价格也比同类用户友好型图形界面低一些。

3.5.2 Visual MODFLOW 用户友好型图形界面

加拿大滑铁卢水文地质咨询公司(Canada Waterloo Hydrogeologic Inc.)开发了基于 MODFLOW 模型的 Visual MODFLOW 用户友好型图形界面,并于 1994 年 8 月首次公开发布。Visual MODFLOW 集成了 MODFLOW 模型(用于地下水流模拟)、MODPATH 模型(用于污染物运动轨迹和传播时间模拟)、MT3DMS 模型(用于污染物在地下水中运移扩散过程模拟)和 PEST 模型(用于水文地质参数的估算与优化)。与 MODFLOW 模型相比,Visual MODFLOW 用户友好型图形界面具有前、后数据处理功能,以及模型模拟结果的可视化和与 GIS 数据的交互。Visual MODFLOW 作为水文地质和地下水环境领域中的一种标准可视化软件,被高度评价并广泛运用于三维地下水流的数值模拟。

3.5.3 Groundwater Modeling Systems(GMS)用户友好型图形界面

美国杨百翰大学(Brigham Young University)环境模型研究实验室和美国陆军(U.S. Army)排水工程测试站合作开发了 Groundwater Modeling Systems(GMS)用户友好型图形界面。GMS 用户友好型图形界面结合了现有的地下水模型,如 MODFLOW、FEMWATER、MT3DMS、RT3D、SEAM3D、MODPATH、SEEP2D、NUFT、UTCHEMD 等,用于模拟地下水流和溶质运移问题。凭借其良好的交互界面,强大的前处理和后处理功能,以及出色的三维可视化,GMS 在世界各国各地区得到了广泛应用。

3.5.4 FEFLOW 用户友好型图形界面

德国 WASY 公司于 20 世纪 70 年代末开发了 FEFLOW(Finite Element Subsurface Flow System)用户友好型图形界面。FEFLOW 用户友好型图形界面是基于有限元法开发的,功能齐全,方便实用。FEFLOW 用户友好型图形界面可用于模拟地下水量、水质和温度的时空变化,具有人机图形对话、地理信息系统(GIS)数据接口、自动生成有限元空间网格功能、空间参数区域化、快速精确的数值算法和先进的图形视觉化技术等特点。

3.6　地下水数值模拟的问题

依托先进的计算机技术,地下水数值模型为定量研究地下水系统提供了强有力的支持与帮助。然而,在地下水建模与数值模拟的应用中也发现了一些问题。

3.6.1　模型精度不够

地下水数值模型是地下水系统的数学概化。在应用时,模拟结果的准确性是最为关键的问题之一。客观实体的概化不可避免地会存在失真情况,这会影响模型的准确性和可靠性。例如,雨水下渗和灌溉入渗在有效补充浅层地下水时存在时间延迟的情况,河流与地下水之间的关系受到水位波动等因素的影响,而这些真实情况的合理概化存在一定的困难,所以地下水模型只能简单地将垂向入渗概化为垂向补给强度,而忽略其他因素。另外,多层含水层混合开采井的概化也是难点问题之一。多种因素造成模型模拟结果精度不够。

3.6.2　模型适用性受限

目前广泛使用的地下水模型主要针对孔隙介质地下水系统开发,而对于岩溶介质和裂隙介质地下水系统的适用性受到一定限制,且地下水水质模拟的可靠性尚待深入分析和研究。

3.6.3　数据处理较为复杂

目前通用的用户友好型图形界面可以为用户提供良好的可视化界面,并可实现与地理信息系统(GIS)接口数据交互,然而数据前、后处理仍然较为繁杂,缺乏灵活性和简便性。

3.7　地下水数值模拟的发展趋势

因为现有地下水数值模型存在上述一些问题,未来地下水建模和数值模拟仍有很多发展空间。

(1)深入研究地下水系统源汇项的概化方法,提高数值模型的仿真性能,使数值模拟结果更加准确、精度更高。

(2)深入研究地下水在岩溶介质和裂隙介质中的运移机制,扩大模型的应用范围,从而可以模拟各种复杂的地下水系统。

(3)深入研究地下水数值模型与其他水文模型的耦合,使地下水模型可以与地表水模型、土壤水模型、气象模型等耦合,更完整地模拟各部分水之间的相互作用,利于水资源的综合开发与管理。

（4）深入研究地下水模型用户友好型界面与 GIS 的紧密无缝集成，提高数据处理能力，节省数据处理时间，提高输出结果的可视化，利用 GIS 强大的空间数据处理能力为地下水模型开辟更广阔的空间，使地下水软件功能实现质的飞跃。

（5）深入研究提高地下水模型用户友好型界面的可操作性，使地下水数值模型不仅便于专业技术人员操作和分析，也利于管理人员使用，同时加快便捷网络访问的技术支持平台的建设。

总之，地下水建模与数值模拟方法已广泛应用于地下水资源及相关领域的影响评价研究。地下水模型用户友好型界面已被迅猛发展的计算机技术广泛推广并应用。随着地下水资源和地下水污染研究的不断深入以及数学理论和计算机技术的持续发展，地下水模型的发展面临着新的机遇，地下水模型用户友好型界面将在未来的研究中发挥更重要的作用。

参 考 文 献

[1]尹牡丹，刘丛强，涂勘. 地下水数值模型界面 Ground Water Vistas 介绍——以美国 Edwards 含水层 Barton 泉稳定流模型为例 [J]. 矿物岩石地球化学通报，2006，SO(25)：91-94.

[2]祝晓彬. 地下水模拟系统(GMS)软件 [J]. 水文地质工程地质，2003 (5)：53-55.

[3]武强，董东林，等. 水资源评价的可视化专业软件(Visual MODFLOW)与应用潜力 [J]. 水文地质工程地质，1999，26(5)：21-23.

[4]朱玉水，段存俊. MT3D——通用的三维地下水污染物运移数值模型 [J]. 东华理工学院学报，2005，28(1)：26-29.

[5]栾熙明，郑西来，黄翠，等. 变密度地下水流模拟软件——SEAWAT 2000 简介 [J]. 海洋科学集刊，2010，50：99-104.

[6]傅抱璞. 论陆面蒸发的计算[J]. 大气科学，1981，5(1)：24-30.

[7]刘昌明. 中国农业水问题：若干研究重点与讨论[J]. 中国生态农业学报，2014(8)：875-879.

[8]夏军，等. 中国水问题观察 第1卷 气候变化对我国北方典型区域水资源影响及适应对策[M]. 北京：科学出版社，2011.

[9]徐宗学. 水文模型[M]. 北京：科学出版社，2009.

[10]汤秋鸿，黄忠伟，刘星才，等. 人类用水活动对大尺度陆地水循环的影响[J]. 地球科学进展，2015，30(10)：1091-1099.

[11]王中根，姬鹏，夏军，等. 水系统综合管理与模拟工具的设计与开发[J]. 地理科学进展，2011，30(3)：330-334.

[12]王浩，等. 中国水资源问题与可持续发展战略研究[M]. 北京：中国电力出版社，2010.

[13]芮孝芳，蒋成煜，张金存. 流域水文模型的发展[J]. 水文，2006，26(3)：22-25.

[14]芮孝芳. 水文学原理[M]. 北京：中国水利水电出版社，2004.

[15]邵薇薇，徐翔宇，杨大文. 基于土壤植被不同参数化方法的流域蒸散发模拟[J]. 水文，2011，31(10)：6-14.

[16]Budyko, M. I. (1958) The Heat Balance of the Earth's Surface, translated from Russian by N A. Stepanova, 259 pp., U.S. Dep. of Commer., Washington, D.C.

[17] Budyko, M. I. (1974) Climate and Life, 508 pp., Academic Press, New York.

[18] Deng, C., P. Liu, D. Wang, W. Wang (2018) Temporal variation and scaling of parameters for a monthly hydrologic model, J. Hydrol., 558, 290-300.

[19] Eagleson, P. (1978) Climate, Soil, and Vegetation 2. The Distribution of Annual Precipitation Derived From Observed Storm Sequences, Water Resour. Res., 14(5), 713-721.

[20] Hooshyar, M., and D. Wang (2016) Analytical solution of Richards' equation providing the physical basis of SCS curve number method and its proportionality relationship, Water Resour. Res., 52, 6611-6620.

[21] Jothityangkoon, C., and M. Sivapalan (2009) Framework for exploration of climatic and landscape controls on catchment water balance, with emphasis on inter-annual variability, J. Hydrol., 371(1), 154-168.

[22] L'vovich, M. I. (1979) World Water Resources and Their Future, 415 pp., Amer. Geophys. Union, Washington D C.

[23] Milly, P C D. (1994) Climate, soil water storage, and the average annual water balance, Water Resour. Res., 30, 2143-2156.

[24] Mishra, S K., V P. Singh (2002) SCS-CN method part -1; derivation of SCS-CN based models, Acta. Geophys. Polonica., 50(3):457-477.

[25] Neitsch, S L., J G. Arnold, J R. Kiniry, R. Srinivasan, J R. Williams (2002) Soil and water assessment tool user's manual. Texas Water Resources Institute, 1-472.

[26] Neitsch, S L., J G. Arnold, J R. Kiniry, J R. Williams, K W. King (2002) Soil and water assessment tool theoretical documentation. Texas Water Resources Institute, 1-506.

[27] Ponce, V M., and A. V. Shetty (1995) A conceptual model of catchment water balance. 1. Formulation and calibration, J. Hydrol., 173(1-4), 27-40.

[28] Rallison, R E., and N. Miller (1981) Past, present and future SCS runoff procedure, Proceedings of the International Symposium on Rainfall-Runoff Modeling, Mississippi State University, Mississippi, U.S.A.

[29] Sankarasubramanian, A., and R M. Vogel (2002) Annual hydroclimatology of the United States, Water Resour. Res., 38(6), 1083.

[30] Tang, Y., and D. Wang (2017) Evaluating the role of watershed properties in long-term water balance through a Budyko equation based on two-stage partitioning of precipitation, Water Resour. Res., 53.

[31] Thomas, H A. (1981) Improved methods for national water assessment: final report, water resources contract: WR15249270, Harvard Water Resources Group.

[32] U.S. Department of Agriculture Soil Conservation Service (SCS) (1972) National Engineering Handbook, Section 4, Hydrology, U.S. Government Printing Office, Washington, D C.

[33] Wang, D. and Y Tang (2014) A one-parameter Budyko model for water balance captures emergent behavior in Darwinian hydrologic models, Geophys. Res. Lett., 41, 4569-4577.

[34] Wang, D., J. Zhao, Y. Tang, and M. Sivapalan (2015) A thermodynamic interpretation of Budyko and L'vovich formulations of annual water balance: proportionality hypothesis and maximum entropy production, Water Resour. Res., 51, 3007-3016.

[35] Woods, R. (2003) The relative roles of climate, soil, vegetation and topography in determining seasonal and long-term catchment dynamics, Adv. Water Resour., 26(3), 295-309.

[36] Yang, D., F. Sun, Z. Liu, Z. Cong, G. Ni, and Z. Lei (2007) Analyzing spatial and temporal variability of annual water-energy balance in nonhumid regions of China using the Budyko hypothesis, Water Resour.

Res., 43, W04426.

[37] Yang, H., D. Yang, Z. Lei, and F. Sun (2008) New analytical derivation of the mean annual water-energy balance equation, Water Resour. Res., 44, W03410.

[38] Yokoo, Y., M. Sivapalan, and T. Oki (2008) Investigating the roles of climate seasonality and landscape characteristics on mean annual and monthly water balances, J. Hydrol., 357, 255-269.

[39] Zhang, L., W R. Dawes, and G R. Walker (2001) Response of mean annual evapotranspiration to vegetation changes at catchment scale, Water Resour. Res., 37(3), 701-708.

[40] Zhang, S., H. Yang, D. Yang, and A W. Jayawardena (2016) Quantifying the effect of vegetation change on the regional water balance within the Budyko framework, Geophys. Res. Lett., 43, 1140-1148.

[41] Zhao, J., D. Wang, H. Yang, and M. Sivapalan (2016) Unifying catchment water balance models for different time scales through the maximum entropy production principle, Water Resour. Res., 52, 7503-7512.

第三篇 海(咸)水入侵影响评价数值模拟研究案例

第4章 评估海平面上升对海(咸)水入侵地下水的影响

本章介绍了使用数值模拟方法评估海平面上升对美国佛罗里达州中东部沿海地区浅层地下水海(咸)水入侵程度的影响,将三维变密度地下水数值模拟工具 SEAWAT 应用于美国佛罗里达州中东部梅里特岛和卡纳维拉尔岛,建立并校准了三维变密度地下水流与溶质运移模型,用于模拟现阶段(2010年)该区域地下浅层非承压含水层地下水埋深和盐分浓度的分布,进而预测了研究区未来海平面上升与降雨量变化对于地下水埋深及盐分浓度的动态分布和变化规律的影响。研究表明,在西梅里特岛,由于海拔较低且地势低平,气候变化有可能会引起地下水位的抬升,造成更多低洼地区被淹没,也有可能会引起地下水位的下降,产生海水入侵,污染地下水。研究同时表明,在东梅里特岛和卡纳维拉尔岛,气候变化的影响并不显著。研究成果为水文地质工程师与市政规划人员研究与制定地下水管理策略提供了科学依据和决策支持。

4.1 研究内容简介

在滨海含水层中,咸水和淡水处于动态平衡状态,平衡向陆地移动会导致咸水向陆地侵入,导致海(咸)水入侵的发生(Bear, 1979)。Barlow 和 Reichard (2010)发现海(咸)水入侵发生的主要途径有三种,分别是海水侧向侵入、深层咸水地下水垂直向上侵入和风暴或潮汐驱动的上覆咸水垂直向下侵入。海(咸)水入侵被认为是一个全球性的问题,具有很大的危害,包括土地盐碱化、减少可用淡水储量、关闭或迫使开采井向内陆迁移(Werner等, 2013)。海(咸)水入侵程度的大小取决于水文气象和水文地质环境的变化、盐的历史时空分布以及地下水的开采和排水(Bear 等, 1999)。

内陆淡水和沿海咸水之间形成了咸水/淡水过渡带,过渡带向内陆迁移是海(咸)水入侵发生的有效标志(Bear, 1979)。过渡带的地下水密度和盐度随区域水文和水文地质条件而在时空上发生变化(Freeze 和 Cherry, 1979)。由于变密度条件的复杂性和可变性,通常采用数值方法来模拟 海(咸)水入侵(Anderson 和 Woessner, 1991)。Guo 和 Langevin(2002)已成功地将 SEAWAT 模型应用于许多案例研究。Langevin(2003)模拟了美国佛罗里达州东南部比斯坎湾的海底地下水排放。Qahman 和 Larabi(2006)研究了海(咸)水入侵的现状,并预测了其在巴勒斯坦加沙含水层不同抽水方案下的未来发展趋势。Lin 等(2009)对美国阿拉巴马湾沿岸海(咸)水入侵的现状和未来入侵程度进行了评估。Sanford 和 Pope(2010)评估了海(咸)水入侵的历史情况,并预测了美国弗吉尼亚州东海岸海(咸)水入侵的未来的发展趋势。Nakada 等(2011)通过对区域尺度的海底地下水流动进行建模,重点研究了沿海地区地下水循环。Cobaner 等(2012)、Dausman 等(2010)、Masterson 等(2014)、Shoemaker 和 Edwards 等(2003)描述了其他值得注意的案例研究。

近年来,气候变化的影响,如海平面上升和降水变化,引起了广泛的公众关注(Oude Essink 等,2010;Sherif 和 Singh,1999;Sulzbacher 等,2012;Tang 等,2013;Webb 和 Howard,2011)。Werner 和 Simmons(2009)评估了海平面上升对一个简化的、概念性的、非承压含水层的影响,并证明海(咸)水入侵和撤退与内陆水位的降低和升高相对应。对这项研究的解释证实,内陆边界条件对海(咸)水入侵程度的减缓非常重要。Chang 等(2011)将上述概念模型应用于澳大利亚先锋谷的一个案例研究,得出的结论是,由于海平面上升的存在,整个含水层的抬升并没有预期的那么严重的负面影响。Rasmussen 等(2013)对位于波罗的海西部的一座岛屿的地下水进行了定量研究,分析了海平面上升、降水变化和排水渠道对海(咸)水入侵的综合影响。

位于美国佛罗里达州中东部沿海地区的低洼冲积平原和堰洲岛很容易受到海平面上升的影响(Bilskie 等,2014)。因为地下水位的深度通常较浅,在强降雨期间和之后甚至会漫过地表。沿海浅层含水层的水质也易受海平面上升诱发的海(咸)水入侵的影响,尤其是在长期干旱时期。因此,地势低洼的沿海冲积平原和障壁岛容易受到气候变化的影响,负面影响包括但不限于海岸线侵蚀、海(咸)水入侵、湿地淹没、植被分布改变(由不耐盐物种向耐盐物种转变)。

由于厄尔尼诺现象的影响,预计海平面上升的速度将加快,出现恶劣天气的可能性也将增加(Nicholls 和 Cazenave,2010;Parker,1991)。2050 年,局部海平面上升预测显示低、中、高海平面上升的情景分别为 13.2 cm、31.0 cm 和 58.5 cm,而局部降水预测显示,与 2010 年相比,预计降雨量将下降 7~17%(Rosenzweig 等,2014)。然而,海平面上升和降水变化对沿海地下水流动模式和盐度分布的影响尚不清楚,值得研究。因此,建立三维变密度地下水流动和盐分运移的定量评价模型具有重要意义。

在内陆地区,浅层含水层是通过降雨的直接渗透来补给的。沿海岸线,浅层含水层与沿海潟湖的咸水和大西洋的海水相接触。其水位非常重要,因为浅层含水层与地表水系统、深层地下水系统和沼泽/湿地水力联系紧密,接收降雨入渗并向沿海潟湖和大西洋提供地下水排泄。因此,地表含水层易受影响海平面上升和降水变化的影响。本研究应用 SEAWAT 模型建立了佛罗里达州中东部表层含水层三维变密度地下水流动和盐分运移模型。通过建立参考模型,并根据实测数据进行了标定,模拟了 2010 年稳定水文地质条件下地下水位深度和盐度的空间变化。然后修改校准后的参考模型,根据 2050 年的海平面上升和降水变化的不同场景,预测 2050 年的地下水位深度和盐度的空间变化情况。预测结果有助于研究植被群落对未来气候变化的响应。

4.2 研究区描述

研究区是位于佛罗里达州中东部的卡纳维拉尔角梅里特岛,它由多个屏障岛、咸水潟湖和大西洋近海组成。研究区占地约 1 000 km²,东面以大西洋为界,东北和北部为 Mosquito 潟湖,西面为 Indiana River 潟湖,东南部为 Banana River 潟湖(见图 4-1)。加勒比海地区独特的过渡地理环境促成了具有高度生物多样性的研究区。地面海拔从−0.2 m 到10 m 不等,区域平均值约为 1.2 m,数据来自美国国家航空航天局(NASA)。区域起伏相对较小,因为该区域主要由宽而平坦的低地组成。由于地形平坦,地表水流和地下水流容易受到地表高程变化的影响。

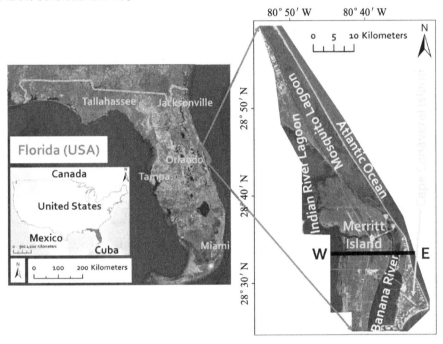

图 4-1 研究区地理位置

4.2.1 水文气象条件

佛罗里达州中东部属于湿润的亚热带地区,气候夏季炎热潮湿,冬天温和干燥,雨季从 5 月到 10 月,旱季在 11 月(Mailander,1990)。平均最低温度 1 月为 10 ℃,8 月为 22℃,平均最高温度 1 月为 22 ℃,7 月为 33 ℃。年降水量为 848~2 075 mm,年平均降水量为1 366 mm(Schmalzer 等,2000)。

该地区的水文特征是动态的地表水和地下水之间的相互作用,大部分地区被认为是低潮区。连接大西洋的入口狭窄和遥远,梅利特岛北端的 Mosquito 潟湖和 Indian River 潟湖通过 Haulover 运河相连。Indian River 潟湖和 Banana River 潟湖由一条人工通航运河连接,运河通过卡纳维拉尔港水闸与大西洋相连。潟湖的水位主要由每年海平面的升降决定,年最高水位一般出现在 10 月。潟湖之间的水流主要由风力驱动。在大多数地方,沿海潟湖底部覆盖着浅层平坦的海草,平均水深 1.5 m。在建造航天发射设施期间,航道水深保持在 4 m,并将几条重要航道疏浚至 9~10 m 深,以方便运输。潟湖的总溶解固体浓度通常为 10 000~45 000 mg/L。

4.2.2　水文地质条件

研究区水文地层单元由上至下依次为地表含水层系统(Surficial Aquifer Systems)、弱透水层系统(Intermediate Confining Unit)、承压含水层系统(Floridan Aquifer System)和隔水层(Lower Confining Unit)。根据 Schmalzer 和 Hinkle(1990)的描述,各水文地层单元的特征如表 4-1 所示。

表 4-1　各水文地层单元的特征

Geologic age	Composition		Hydro-stratigraphic unit	Thick-ness (m)	Lithological character	Water-bearing property
Holocene and Pleistocene	Holocene and Pleistocene deposits		Surficial aquifer system	0~33	Fine to medium sand, sandy coquina and sandy shell marl	Low permeability, yields small quantity of water
Pliocene	Pliocene and upper Miocene deposits		Intermediate confining unit	6~27	Gray sandy shell marl, green clay, fine sand and silty shell	Very low permeability
Miocene	Hawthorn Formation			3~90	Sandy marl, clay, phosphorite, sandy limestone	General low permeability, yields small quantity of water
Eocene	Ocala Group	Crystal River Formation	Floridan aquifer system	0~30	Porous coquina in soft and chalky marine limestone	General very high permeability, yields large quantity of artesian water
		Williston Formation		3~15	Soft granular marine limestone	
		Inglis Formation		>21	Coarse granular limestone	
	Avon Park Formation			>87	Dense chalky limestone and hard, porous, crystalline dolomite	
Paleocene	Cedar Keys Formation		Lower confining unit	—	Interbedded carbonate rocks and evaporites	Very low permeability

承压含水层系统(Floridan Aquifer System)是一个大型含水层,一般厚度大于600 m,大多具有很高的渗透性和透水性。一般而言,承压含水层系统受上覆弱透水层及下覆隔水层所限制。在大多数地方,承压含水层系统的水位高于地表含水层系统的地下水位,导致地下水从承压含水层向上渗透到地表含水层,从而为盐分向上运移创造了通道。然而,由于上覆弱透水层渗透率较低,因此向上渗透量相对较小。由于下覆隔水层渗透率极低,通过隔水层的向下渗透非常小。从承压含水层中泵出的地下水被矿化度较高,这极大地限制了承压含水层地下水的开发利用。

地表含水层以上界为地下水位,下界为弱透水层顶部,主要由中-低渗透全新世和更新世细砂、贝壳灰岩、粉砂、贝壳、泥灰岩等沉积物组成。主要补给区位于卡纳维拉尔角岛和东梅里特岛相对较高的沙脊上。地下水位在雨季后期(9~10月)升至最高点,在旱季后期(3~4月)降至最低点。沿海地区形成的咸水/淡水过渡带的厚度和迁移主要取决于水文地质环境的特征和内陆水位的波动。过渡带可以向陆地移动,也可以向海洋移动,与之相对应的是水位的降低或升高。

4.3　数值模拟方法

4.3.1　模型建立

建立了参考模型,模拟了2010年水文地质条件稳定下地表含水层地下水位和盐度的空间变化。该参考模型是根据2006~2014年监测的实地测量地下水位,以及土地利用和土地覆盖图划分的沼泽/湿地的空间分布来校正(校准)的。校准的参考模型是本研究的关键,因为以它为"基础"开发了包含各种海平面上升和降水变化场景的预测模型。地表含水层在地表水和地下水的相互作用中发挥着至关重要的作用,支持沼泽/湿地,并向周围沿海潟湖和大西洋提供地下水排放,地表含水层的盐度对生物多样性生态系统和濒危野生动植物物种的生存极其重要。建立SEAWAT数值模型的优点包括:能够实现更精细的垂直离散化,从而能够精确地模拟垂直盐度梯度以及盐水/淡水过渡带的厚度和迁移;计算量少,模型运行时间缩短。建立SEAWAT数值模型的缺点是在局部尺度上牺牲了模拟精度,因为部分地区水文地质特征未知。

参考模型的校准是实现通过修改代表降水和沿海潟湖水位和大西洋水位的边界条件,量化海平面上升和降水量变化的影响,所有其他的水文、水文地质条件从2010年保持不变。

4.3.2　海平面上升预测情景

与2010年相比,2050年的降水预计将会下降7%或增加17%,而低、中、高融雪预测的海平面上升情景预计分别为13.2 cm、31.0 cm和58.5 cm。哥伦比亚大学地球研究所气候系统研究中心的Radley Horton和Daniel Bader提供的数据,是NASA气候适应科学调查项目的一部分,他们利用这些数据对2050年的情况进行了预测(Rosenzweig等,2014)。根据这些预测,提出了五种情况(见表4-2)。

表 4-2　五种预测情况

Year	Case	SLR（cm）	Precipitation
2010	0	0	0
2050	1	13.2	+17%
	2	13.2	0
	3	31.0	0
	4	58.5	0
	5	58.5	–7%

4.3.3　模型用户友好型图形界面

数值模型使用的是 SEAWAT 代码,由 Langevin 等开发。用户界面是 Groundwater Vistas,是环境模拟公司(Environmental Simulations, Inc.)开发的一种全世界范围内广泛使用的用户友好型图形界面,用于创建模型输入和输出文件。

4.3.4　时间和空间离散

能够有效表示和识别咸水/淡水过渡带及地表地形变化的水平与垂直离散化非常重要。在保证计算机运行时间合理的前提下,考虑提高仿真精度,确定水平和垂直离散度。在水平面上,将模型域离散为 373 行 646 列,x、y 方向网格间距均为 100 m[见图 4-2(a)]。考虑到变密度条件,为了精确模拟流速和溶质运移,通常需要比等密度条件更精细的垂直离散化(Langevin, 2003)。除第 1 层外,模型域垂直分为 5 层,层厚均为 2 m[见图 4-2(b)]。第 1 层的顶部高程设置为陆地表面高程,在沿海潟湖和大西洋区域高度为 0 m。地表高程由 NASA 提供的激光雷达 DEM 数据得到,如图 4-3 所示。第 1 层的底部标高设置为–2 m。由于缺乏地层资料,地表含水层底部高程尚不清楚。然而,Schmalzer 等(2000)估计地表含水层的厚度为 10~12 m。因此,第 5 层的底部标高设置为–10 m。从第 2 层到第 5 层,为使数值模型不稳定性最小化,各层均设置为平面,厚度均为 2 m。因此,第 2 层、第 3 层、第 4 层和第 5 层的模型网格单元体积均为 100 m×100 m×2 m。然而,由于地形的变化,第 1 层中每个模型网格的体积是不同的。

在时间上,预测模型基于气候变化是缓慢的,地下水系统与气候因素处于稳态平衡的假设。这个假设是合理的,因为本研究的目的是量化长期气候变化的影响,而不是极端天气(如飓风、风暴潮)的影响。此外,人类活动的影响并不显著,因为研究区只有一小部分是城市化的,而且抽水井(2 口)的抽水率非常低。为了更好地模拟盐的输运过程,在输运时间步长方面引入了进一步的时间离散化。指定传输时间步长从 0.01 d 开始,增加时间步长乘法器 1.2,最大传输时间步长为 100 d。直到达到稳定状态,程序才会终止。

4.3.5　水文地质参数

具体水文地质参数如表 4-3 所示。假定地表含水层由等效多孔介质组成,这意味着

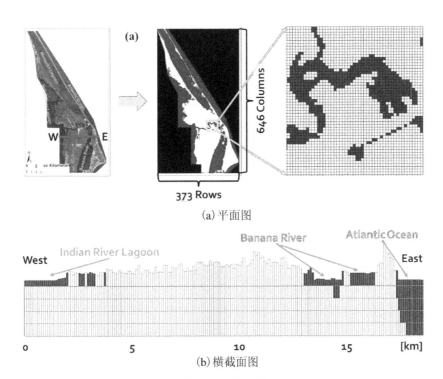

(a)平面图

(b)横截面图

图 4-2 空间离散

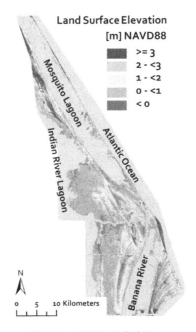

图 4-3 研究区地表高程

地下管道和空腔没有得到明确的模拟。这一假设对于区域尺度数值模型的实施是合适和合理的,尽管模型结果的解释仅限于局部尺度,但是研究区复杂的水文地质条件得到了极大的简化,有利于模型运行(Langevin, 2003)。

表 4-3　水文地质参数

Hydrogeologic Parameters	Value [units]	References
Horizontal Hydraulic Conductivity (K_h)	15 [m/d]	McGurk and Presley, 2002
Anisotropy (K_h/K_z)	10 [−]	
Porosity (n)	0.2 [−]	Blandford et al., 1991
Longitudinal Dispersivity (a_L)	6 [m]	Hutchings et al., 2003
Transverse Dispersivity (a_T)	0.01 [m]	
Vertical Dispersivity (a_V)	0.025 [m]	
Diffusion Coefficient (D^*)	0.001 28 [m^2/d]	

4.3.6　边界条件

研究区扩展到近海,以模拟海岸潟湖和大西洋与地表含水层之间的相互作用,边界效应最小。将补给边界和蒸散边界分配在第 1 层的顶部,代表补给地表含水层的渗透雨水和由蒸发和蒸腾造成的地下水损失。由于没有模拟承压含水层向地表含水层向上的地下水渗流,因此底板设置为定水头边界。用定水头定浓度边界和一般水头边界表示侧向边界。抽水井边界设置为井边界。

4.3.6.1　定水头定浓度边界

指定的水头和浓度边界指定给代表沿海潟湖和大西洋的模型网格。在大多数地方,沿海潟湖仅位于第 1 层,因为深度很浅。然而,大西洋深度较深,存在一个或多个层(取决于海底的深度)。由于缺乏监测数据,假定海岸潟湖和大西洋的 TDS 浓度是一样的。作为参考模型,水位和 TDS 的浓度分别设置为 0 m 和 35 kg/m^3(Sharqawy 等, 2010)。第 1 层的边界条件的水平视图如图 4-4(a)所示。

预测模型沿海潟湖和大西洋的水位基于海平面上升的情况, TDS 浓度指定为 35 kg/m^3。由于海平面上升的存在,进一步的内陆海岸线侵蚀是不可避免的。新海岸线是通过将陆地表面高程与新海平面进行比较来估算的,海拔低于新海平面的沿海低地被认为是新沿海潟湖或海。根据该准则,第 1 层的边界条件的水平视图如图 4-4(b)、(c)、(d)所示。

4.3.6.2　补给边界

设置补给边界,表示渗透雨水日平均补给量的空间变化。平均日补给率由 2006 ~ 2014 年的平均日降水量和补给/降水(R/P)比值给出,主要取决于土壤类型、土地利用和土地覆盖(Cherkauer 和 Ansari, 2005;Dawes 等, 2012)。St. Johns River Water Management District 提供的土地利用和土地覆盖图如图 4-5(a)所示。城市地区和沼泽/湿地的 R/P 比值为 0(前者的土地覆盖由不透水混凝土组成,后者的饱和土壤均会阻碍雨水的渗入),森林、山地(非林地和农田)的 R/P 比值分别为 0.87、0.96 和 0.87 (Brauman 等, 2012),平均

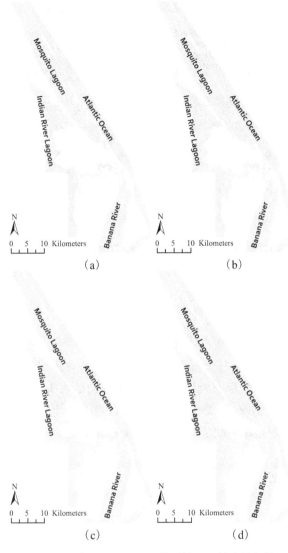

图 4-4　参考模型和预测模型第 1 层的边界条件

日补给量的空间变化如图 4-5(b)所示。对于预测模型,假设补给率随降水的增加/减少成比例增加/减少。因此,与情形 0 相比,情形 1 和情形 5 的补给率分别为增加 17% 和减少 7%。

4.3.6.3　蒸散型边界

以蒸散边界表示日平均蒸散量的空间变化。模型输入为平均日潜在蒸散发(PET)和植被蒸腾削减深度(ED),平均日蒸散发由基于日潜在蒸散发(PET)和植被蒸腾削减深度(ED)和模拟地下水位深度的来计算。平均每日潜在蒸散发由美国地质调查局(U.S. Geological Survey)数据库给出,森林、山地(非林地和农田)的植被蒸腾削减深度(ED)值分别为 2.5 m、1.45 m 和 2 m (Shah, 2007)。

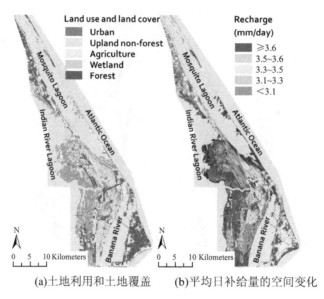

(a)土地利用和土地覆盖   (b)平均日补给量的空间变化

图 4-5　补给边界

4.3.7　初始条件

对于稳态模型,不需要指定每个模型网格符合指定的含水层性质和边界条件的初始水位和 TDS 浓度。简而言之,稳态模型不需要精确的初始水头和 TDS 浓度。但是,为了避免数值模型出现不稳定情况,需要在运行前进行合理的估计。因此,根据水文地质条件和观测数据,对每个活动模型网格的初始水位和 TDS 浓度进行了初步估计。

4.4　结果与讨论

4.4.1　现状

4.4.1.1　模型校准

在第一级校准中,采用试错法对水力传导系数进行调整,使模拟地下水位与 10 口观测井实测地下水位的差异最小[见图 4-6(a)]。在 2006~2014 年期间,每口观测井监测和记录的每日地下水位取平均值,代表 2010 年的年平均地下水位,作为校准目标。在模拟地下水位与实测地下水位达到满意程度之前,校准过程不会终止。由于研究区中心没有观测地下水位,校准结果可能不能完全准确地反映实际情况,需要进行二次校准。

对于第二级的校准,采用试错法对分区补给率进行调整,以尽量减少"模拟"湿地与"真实"湿地之间的差异。由于地下水位接近地表,湿地被季节性或永久性淹没。湿地是高度复杂的生态系统,依赖于地下水位的深度,为了进行第二阶段的校准,提出了三个条件(条件 1、2、3)。对于条件 1,模拟地下水位深度小于 0.2 m 的陆地区域推测为"模拟"湿地。相反,模拟地下水位深度大于或等于 0.2 m 的陆地区域被推断为"模拟"非湿地。因此,根据模型模拟结果绘制了"模拟"湿地和非湿地地图。在条件 2 和条件 3 中,地下水位的阈值分别为 0.3 m 和 0.4 m,绘制了两幅"模拟"湿地和非湿地地图。这三幅地图覆盖了由 St. Johns River Water Management District 编制的土地利用和土地覆盖图[见图 4-5(a)]给出的"真实"湿地地图。从地图上看出,一些地区湿地是真实存在的,一些地区湿地并不真实存在,"模拟"湿地与"真实"湿地较高的一致性(百分数)被认为是模型性能更好的指标。

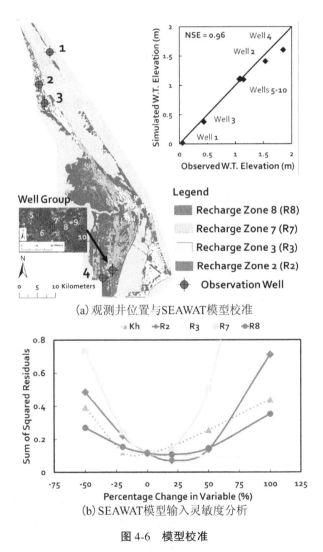

(a) 观测井位置与 SEAWAT 模型校准

(b) SEAWAT 模型输入灵敏度分析

图 4-6 模型校准

模型校准后得到的纳什-萨特克利夫模型效率系数(NSE)为 0.96,"模拟"湿地与"真实"湿地的一致性达到 65% 左右,可以说校准结果比较有说服力,校准结果被认为是可接受的。将水平和垂直水力传导系数校准至 360 m/d 和 36 m/d,并对补给进行校准,年均补给量在 846~1 606 mm 之间。

值得注意的是,模拟水位与实测水位之间达到了很好的匹配。可以理解,井2和井4的模拟和观测地下水位略有不同,因为它们的位置靠近边界。然而,"模拟"湿地和"真实"湿地并不十分匹配,主要是由于对"模拟"湿地的定义并不完全正确。事实上,湿地是复杂的动态自然系统,它不仅依赖于地下水位的深度,而且依赖于地形、植被覆盖和土壤类型。尽管仅通过模拟地下水位深度来确定湿地并不是最优的,第二阶段的校正仍然是有价值的,被认为是第一阶段校正的补充校正。

此外,预期将来会有更多的观测数据(特别是地下水盐度)可用作进一步的模型校正。

4.4.1.2　灵敏度分析

模型标定后进行灵敏度分析。通过灵敏度分析,在合理范围内系统地修改输入值,明确模型输入的变化(水平水力传导系数在模型范围内变化、区域补给率在一定范围内局部变化)对仿真结果的影响。

灵敏度分析结果如图4-6(b)所示。可以看出,模拟地下水位对7区的补给量变化最敏感,对水平水力传导系数、2区的补给量、8区的补给量变化较为敏感,对3区的补给量变化相对敏感。但是,模拟地下水位对区域1、4、5、6、9和10的补给量变化不敏感。模拟地下水位最敏感区域7位于梅里特岛的中东部地区,这里由高沙脊作为主要补给区,地下水补给量大,地下水位抬升受补给量影响较为明显。

但是,同样需要注意的是,由于校准目标的限制,灵敏度分析结果可能存在偏差。如前所述,观测井分布不均匀(全部位于梅里特岛北部和南部),梅里特岛中部无观测井,且卡纳维拉尔角岛上没有观测井。

4.4.1.3　地下水位深度

2010年模拟平均地下水位深度如图4-7(a)所示。一般情况下,梅里特岛西部地下水位埋深较浅,小于0.5 m;梅里特岛东部、卡纳维拉尔角岛沿海高地的沙脊地区地下水位埋深较深,大于1 m。若地下水位接近或淹没地表,地下水埋深较浅区域有被频繁或永久淹没的风险,因此这些地区被称为"高风险"区域。这些高风险区域在图4-7(b)中用黄棕色突出显示。根据模拟结果,预计2010年"高风险"区域占土地总面积的21.7%。

4.4.1.4　盐度

根据National Ground Water Association(NGWA)的定义,TDS浓度小于1 000 mg/L被定义为是淡水,TDS浓度在1 000 mg/L和3 000 mg/L之间被定义为微咸水,TDS浓度在3 000 mg/L和10 000 mg/L之间被定义为咸水,TDS浓度在10 000 mg/L和50 000 mg/L之间被定义为盐水,海水的TDS浓度为35 000 mg/L。SEAWAT模型模拟的TDS浓度提取自模型第3层(模型由5层组成,第3层为中间层)。总体而言,咸淡水过渡带在西梅里特岛的面积较大,其中咸水楔状趾甚至侵入内陆3~4 km,地下水含盐量高于其他地区。TDS浓度大于淡水(1 000 mg/L)的区域称为"受影响"区域,如图4-8(a)所示。据估计,2010年"受影响"地区占总土地面积的9%。过渡区的垂直视图如图4-8(b)所示[图4-8(b)中标记为A—A′的东西截面]。微咸水带和咸水带宽度约0.5 km,盐水带宽度约3 km。

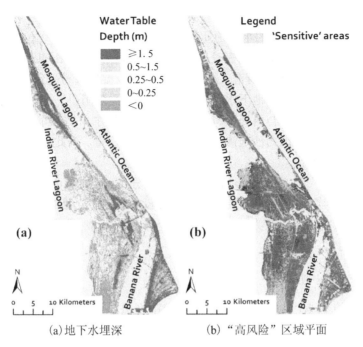

（a）地下水埋深　　　　　　（b）"高风险"区域平面

图 4-7　地下水位深度

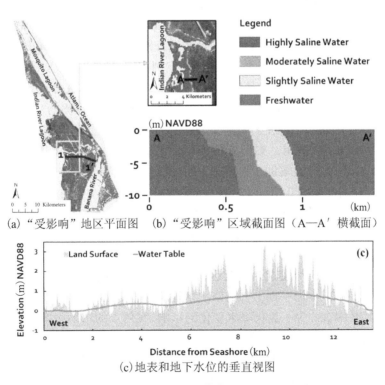

（a）"受影响"地区平面图　　（b）"受影响"区域截面图（A—A′横截面）

（c）地表和地下水位的垂直视图

图 4-8　盐度

4.4.1.5 讨论

图 4-8(a)中标记为 1—1′的水文地质剖面地表水水位和地下水水位情况如图 4-8(c)所示。梅里特岛西部大部分地区地表较低,地下水位较浅。强降雨事件可能导致地表地下水位迅速上升,导致地面洪水泛滥。位于该处的沼泽/湿地极易受到风暴潮和飓风所引致的沿海风暴潮的影响。由于地下水位较浅,淡水补给受到阻碍。因此,西梅里特岛的地下水含盐量高于其他地区。与西梅里特岛相比,卡纳维拉尔角岛和东梅里特岛的地表较高,地下水位较深。此外,因为沙地渗透率高,淡水补给较高。因此,更少的地区遭受海水入侵,地下水含盐量较低。

应当指出,"敏感"地区和"受影响"地区的空间分布可能随海平面和降水量的改变而改变。然而,由于参考模型假设为稳态条件,因此没有对动态膨胀和收缩进行模拟。未来的研究可将时间尺度从每年改为每月,建立一个非稳态模型,量化"敏感"地区和"受影响"地区的动态变化。

4.4.2 气候变化影响

在参考模型的基础上,通过修改定水头和定浓度边界、补给边界,建立了 5 个预测模型,在保持其他边界条件不变的情况下,预测海平面上升和降水变化对研究区海(咸)水入侵的影响。

4.4.2.1 海平面上升对研究区海(咸)水入侵的影响

案例 2、案例 3 和案例 4 分别代表 13.2 cm、31.0 cm 和 58.5 cm 的海平面上升地下水位和地下水盐度的变化情况,预测的"敏感"区域分别在图 4-9(c)、4-9(d)和 4-9(e)中用黄棕色标出。案例 0 代表 0 cm 的海平面上升,案例 0 的"敏感"区域如图 4-9(a)所示,以供参考。与案例 0 相比,案例 2、案例 3 和案例 4 的"敏感"区域分别占土地总面积的26.6%、36.0%和47.2%,增长率分别为 4.9%、14.3%和25.5%。预测的"敏感"区域主要分布在西梅里特岛,并随海平面上升的加快而扩大。预测的"受影响"区域分别如图 4-10(c)、4-10(d)和 4-10(e)所示。案例 0 的模拟"受影响"区域如图 4-10(a)所示,以供参考。与案例 0 相比,案例 2、案例 3 和案例 4 的"受影响"面积分别占土地总面积的21.8%、34%和47.9%,分别比案例 0 增长 12.8%、25%和38.9%。咸水向内陆迁移主要发生在西梅里特岛,部分地区咸水楔状趾侵入内陆 8~10 km,提示发生了海平面上升诱发的海(咸)水入侵。然而,海平面上升对卡纳维拉尔角岛的海(咸)水入侵的影响似乎并不显著。

4.4.2.2 海平面上升与降水变化对研究区海(咸)水入侵的耦合影响

案例 1 代表 13.2 cm 海平面上升与降水增加 17%耦合,案例 5 代表 58.5 cm 海平面上升与降水减少 7%耦合。为了量化降水变化的影响,案例 1 的结果与案例 2 情况相比较,案例 5 的结果与案例 4 情况相比较。

案例 1 和案例 5 预测的"敏感"区域在图 4-9(b)和 4-9(f)中用黄棕色标出。在案例 1 中,"敏感"区域占总土地面积的 32.1%,而案例 0 和案例 2 的"敏感"区域占 21.7%和26.6%。在案例 5 中,"敏感"区域占总土地面积的45.8%,而案例 4 则占47.2%。案例 1 和案例 5 的预测"影响"区域如图 4-10(b)和 4-10(f)所示。在案例 1 中,"影响"区域占总土地面积的 18.2%,而案例 0 和案例 2 的"受影响"区域占 9%和 21.8%。在案例 5 中,"受影响"区域占总土地面积的 49.3%,而案例 4 则占 47.9%。同样,"敏感"区域和"受影响"区域主要分布在西梅里特岛,说明海平面上升与降水变化对西梅里特岛海(咸)水入侵的耦合影响较为显著,而海平面上升与降水变化对东梅里特岛和卡纳维拉尔角岛海(咸)水入侵的耦合影响不显著。

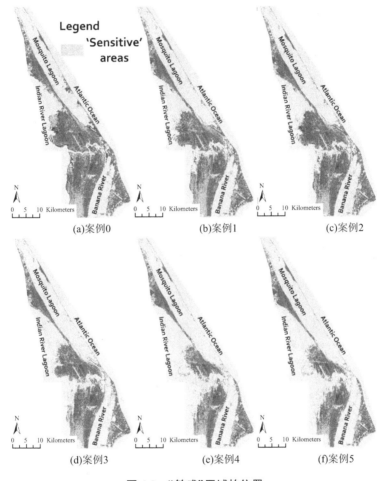

图 4-9 "敏感"区域的位置

4.4.2.3 讨论

预测结果表明,西梅里特岛海(咸)水入侵的情况受海平面上升和降水变化的影响较大。这一地区特别脆弱,因为其地势低洼,沿海地区地势平坦,地下水位较浅,极有可能在极端降雨事件期间和之后被咸水淹没。同时,由于地下水位较浅,对应的地表高程较低,淡水补给潜力较低,导致淡水压力水头较低,内陆淡水与沿海咸水之间的水头坡度较低,进一步导致海底地下水排泄量较低。这大幅度减少了淡水地下水排泄对海平面上升诱发的海(咸)水入侵的保护作用。在西梅里特岛,土地覆盖主要由淡水沼泽、微咸水沼泽(盐分低于半咸水)、半咸水沼泽和咸水沼泽组成。咸水向陆地迁移进入传统的淡水地区会导致生态系统退化,改变植被群落的分布和生产力。降雨量增加会导致洪涝灾害,而长期

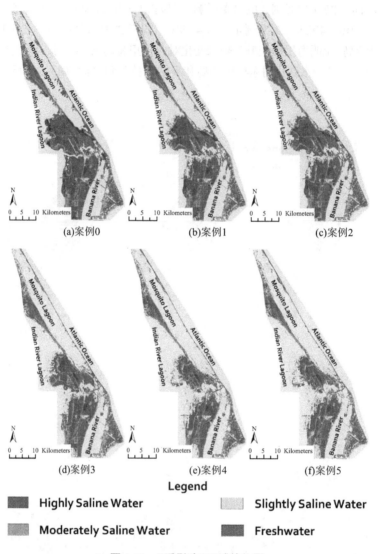

Legend

Highly Saline Water   Slightly Saline Water

Moderately Saline Water   Freshwater

图 4-10　"受影响"区域的位置

干旱会加剧盐分问题。植物群落的耐盐性依赖于植被类型、盐水暴露时间、盐分增加速率、土壤矿物含量和淹没程度(Webb 和 Mendelssohn，1996；Howard 和 Mendelssohn，1999)。有些植物品种能忍受短时间盐度升高，一旦盐度下降，就能迅速恢复。然而，有些植物品种会直接死亡，无法恢复。植物接触盐度的潜在后果包括但不限于淡水湿地向咸水或盐碱沼泽转变，植被物种枯死和有限的复苏，不耐盐性物种向耐盐性物种转变和降低生物质产出(Steyer 等，2007)。海(咸)水入侵不仅影响沼泽/湿地，还影响农业。柑橘是该地区的主要农产品，由地下水含盐量增加而导致柑橘产量下降是一个大问题。目前，该地区还没有设计供人类使用的开采井，所以海(咸)水入侵对公共饮用水供应没有负面影响。

预测结果表明，卡纳维拉尔角岛和东梅里特岛海(咸)水入侵的情况受海平面上升和降水变化的影响不大。该地区海拔高,地下水位深,主要由森林和沙脊组成,土壤类型为砂质,是主要的地下水补给区。由于砂层渗透性强,雨水容易渗透,形成较高的淡水水头,导致海底地下水从内陆淡水区向滨海咸水区排泄。这在一定程度上建立了一个有效的淡水水力屏障,防止咸水向陆地运移,减轻了 SWI 的负面影响。然而,据估计,如果海平面上升和降水的变化比预计的更大,其负面影响也是显而易见的。

模拟了另外 5 个案例(案例 6~10),进一步研究海平面上升和降水变化对海(咸)水入侵的影响,确定海(咸)水入侵是否发生的关键因素,以及盐水楔头侵入内陆距离。案例 7、8 和 9 量化了 23.4 cm、59 cm 和 119.5 cm 海平面上升的效果。案例 6 量化了 23.4 cm SLR 和降水增加 16% 的耦合效应,而案例 10 量化了 119.5 cm SLR 和降水减少 11% 的耦合效应。这些场景是对 2080 年的预估(Rosenzweig 等, 2014)。在图 4-11(a)中,为了区分海平面上升和降水变化的影响,将案例 2、3、4、7、8 和 9 的扩展速率绘制为红色,将案例 1、5、6 和 10 的扩展速率绘制为黄棕色,并根据情况插值计算。

在图 4-11(a)中,海(咸)水入侵增长速度先快后慢。开始时,西梅里特岛由于海拔低、地势平坦,即使海平面上升很小,但海(咸)水入侵增长速度也会急剧增加。之后,由于海平面上升的幅度不足以显著影响卡纳维拉尔角岛和东梅里特岛,海(咸)水入侵增长率略有下降。利用本研究中应用的海平面上升场景,通过插值可以粗略估计其他潜在海平面上升场景下"受影响"区域的增长率,如图 4-11(a)所示。例如,当海平面上升为 50 cm 和 100 cm 时,海(咸)水入侵增长率可能分别增加到 35% 和 52%,这表明潜在的"影响"面积分别为 225 km² 和 312 km²。降水量的增加/减少也会改变海(咸)水入侵发展速度。与案例 2 相比,案例 1 的增长率为 -3.52%;与案例 4 相比,案例 5 的增长率为 1.37%;与案例 7 相比,案例 6 的增长率为 -3.52%;与案例 9 相比,案例 10 的增长率为 1.76%。降水增加/减少与其对海(咸)水入侵增长速率变化的影响关系如图 4-11(b)所示。根据线性插值,为了抵消海平面上升对案例 2、3、4 的影响,需要增加 63.0%、125.6%、195.4% 的降水,这一估计是基于补给量随降水成比例增加/减少的假设。

为了防止海(咸)水入侵,将海平面上升的影响降到最低是非常重要的,因为海平面上升的影响明显大于降水变化的影响。为了"平衡"海平面上升,有必要通过人工补给增加内陆淡水压力水头。补给井可以建在靠近海岸线的地方,同时还可以建蓄水池来蓄积洪水,因为研究区是湿润的亚热带地区,降水充沛,尤其是在雨季。设计的蓄水池可以暂时储存多余的雨水,同时缓慢地排水到沿海的补给井。由于降水较少,在旱季人工补给更为重要。研究区内两口开采井偶尔用于草坪灌溉,由于抽水率很低,效果很小,不需要关闭。

应该指出的是,由于以下原因,结果可能有偏差。第一,由于缺少观测井,标定目标有限,导致模型校准效果不是非常理想,期望日后将有更多观测到的地下水位和盐度数据可供模型校准使用。第二,没有考虑非均质性对地下水位深度和地下水盐度空间变化的影响,由于缺乏地球物理调查和钻孔试验,无法获得水力传导系数的空间变化情况,只能假定地表含水层为各向同性,均值统一分配给所有模型网格,期望以后能够进行调整。第三,没有考虑沿海潟湖和大西洋不同水位和 TDS 浓度的影响,沿海潟湖的平均水位通常略高于大西洋(约 10 cm),受气候因素和人类活动的影响,沿海潟湖和大西洋的 TDS 浓度在空间上存在差异。在一些地方,沿海潟湖的 TDS 浓度高于 35 000 mg/L,特别是在旱季,因为蒸发和排水造成大量的水分损失。由于海底地下水排放,大西洋近岸 TDS 浓度可能低于 35 000 mg/L。然而,由于缺乏相关记录水位和 TDS 浓度,沿海潟湖假定为与大西洋的水位和水质完全相同,TDS 浓度同为 35 000 mg/L。第四,没有模拟地下高矿化承压含水层的盐水向上运移情况。如果考虑高矿化承压含水层的盐水向上渗透情况,海(咸)水入侵的情况可能比预测的更糟。第五,不同海平面上升情景下预测模型确定的"新"海岸线具有较高的不确定性,可能导致预测结果被高估或低估。基于以上的解释,结果可能并不十分理想。未来的研究将考虑其他气候变化因素,包括增加极端天气事件的数量和规模,如飓风和风暴潮,以及更高的平均年温度和潜在的蒸发对研究区海(咸)水入侵的影响。

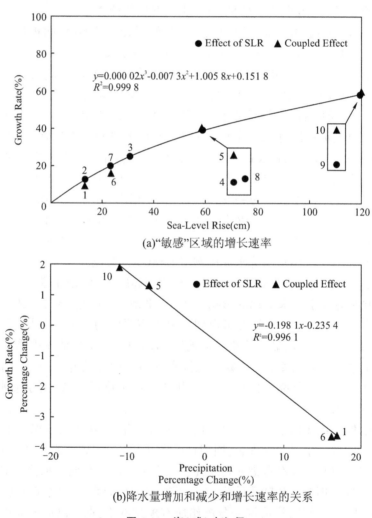

(a)"敏感"区域的增长速率

(b)降水量增加和减少和增长速率的关系

图 4-11　海(咸)水入侵

4.5　结　论

　　本研究的目的是定量评价气候变化(海平面上升和降水变化)对冲积岸线和障壁岛浅层非承压含水层地下水位深度和盐度分布的影响。选定的研究地点是位于佛罗里达州中东部的地区,包括肯尼迪航天中心、卡纳维拉尔角空军基地、梅里特岛国家野生动物保护区和卡纳维拉尔国家海岸都位于该地区。为了实现这一目标,建立并校准了 SEAWAT 模型。

　　建立的 SEAWAT 数值模型进行校正及验证,模拟结果与现场实测数据吻合较好,表明模拟结果能较好地反映研究区水文地质情况,然而模型仍需进一步校准。结果表明,海平面上升和降水变化对研究区地表含水层地下水位及水质的变化起着不可否认的作用。模拟的盐度迁移和地下水位的波动有助于预测植被群落对这些气候变化相关变量的响应。此外,所开发的 SEAWAT 数值模型可作为海岸水资源管理、土地利用规划和气候变化适应决策的有效工具。

参 考 文 献

[1]Anderson M P, Woessner W W (1991) Applied Groundwater Modeling: Simulation of Flow and Advective Transport. Academic Press.

[2]Barlow PM, Reichard EG (2010) Saltwater intrusion in coastal regions of North America, Hydrogeology J. 18:247-260.

[3]Bear J (1979) Hydraulics of Groundwater. McGraw-Hill.

[4]Bear J, Cheng A, Sorek S, Ouazar D, Herrera I (1999) Seawater Intrusion in Coastal Aquifers: Concepts, Methods and Practices (Theory and Applications of Transport in Porous Media). Kluwer Academic Publishers .

[5]Bilskie M V, Hagen S C, Medeiros S C, Passeri D L (2014) Dynamics of sea level rise and coastal flooding on a changing landscape, Geophys. Res. Lett. 41(3):927-934.

[6]Blandford T N, Birdie T, Robertson J B (1991) Regional Groundwater Flow Modeling for East-Central Florida with Emphasis on Eastern and Central Orange County, St. Johns River Water Management District Special Publication SJ91-SP4.

[7]Brauman K A, Freyberg D L, Daily G C (2012) Land cover effects on groundwater recharge in the tropics: ecohydrologic mechanisms, Ecohydrol. 5:435-444.

[8]Chang S W, Clement T P, Simpson M J, Lee K (2011) Does seal-level rise have an impact on saltwater intrusion? Adv. Water Resour. 34:1283-1291.

[9]Cherkauer D S, Ansari S A (2005) Estimating ground water recharge from topography, hydrogeology, and land cover, Groundwater 43(1):102-112.

[10]Cobaner M, Yurtal R, Dogan A, Motz L H (2012) Three dimensional simulation of seawater intrusion in coastal aquifers: a case study in the Goksu Deltaic Plain, J. Hydrol. 464-465:262-280.

[11]Dausman A M, Langevin C D, Bakker M, Schaars F (2010) A comparison between SWI and SEAWAT: the importance of dispersion, inversion and vertical anisotropy, 21st Saltwater Intrusion Meeting, Azores, Portugal, June 2010. http://www.swin-site. nl/pdf/swim21/pages_271_274. pdf. Acessed 11 May 2016.

[12]Dawes W, Ali R, Varma S, Emelyanova I, Hodgson G, McFarlane D (2012) Modelling the effects of

climate and land cover change on groundwater recharge in south-west Western Australia, Hydrol. Earth Syst. Sci. 16:2709-2722.

[13] Freeze R A, Cherry J A (1979) Groundwater. Prentice Hall.

[14] Guo W, Langevin C D (2002) User's Guide to SEAWAT: A Computer Program for Simulation of Three-Dimensional Variable-Density Ground-Water Flow, Techniques of Water-Resources Investigations Book 6.

[15] Hall C R, Schmalzer P A, Breininger D R, Duncan B W, Drese J H, Scheidt D A, Lowers R H, Reyier E A, Holloway-Adkins K G, Oddy D M, Cancro N R, Provancha J A, Foster T E, Stolen E D (2014) Ecological Impacts of the Space Shuttle Program at John F. Kennedy Space Center, Florida, NASA/TM-2014-216639.

[16] Howard R J, Mendelssohn I A (1999) Salinity as a constraint on growth of oligohaline marsh macrophytes. I. species variation in stress tolerance, Am. J. Bot., 86(6):785-794.

[17] Hutchings W C, Tarbox D L, and HSA Engineers & Scientists (2003) A model of seawater intrusion in surficial and confined aquifers of northeast Florida, The 2nd International Conference on saltwater intrusion and coastal aquifers-monitoring, modeling, and management, http://www.olemiss.edu/sciencenet/saltnet/swica 2/Hutchings_ext.pdf.

[18] Langevin C D (2003) Simulation of submarine groundwater discharge to a marine estuary: Biscayne Bay, Florida, Groundwater 41(6):758-771.

[19] Langevin C D, Thorne D T, Dausman A M, Sukop M C, Guo W (2008) SEAWAT Version 4: A Computer Program for Simulation of Multi-Species Solute and Heat Transport. U.S. Geological Survey Techniques and Methods Book 6.

[20] Lin J, Snodsmith B, Zheng C, Wu J (2009) A Modeling Study of Seawater Intrusion in Alabama Gulf Coast, USA, Environ. Geol. 57:119-130.

[21] Mailander J L (1990) Climate of the Kennedy Space Center and vicinity, NASA Tech. Memo. 103498.

[22] Masterson J P, Fienen M N, Thieler E R, Gesch D B, Gutierrez B T, Plant N G (2014) Effects of sea - level rise on barrier island groundwater system dynamics-ecohydrological implications, Ecohydrology 7:1064-1071.

[23] McGurk B, Presley P F (2002) Simulation of the Effects of Groundwater Withdrawals on the Floridan Aquifer System in East-Central Florida: Model Expansion and Revision, St. Johns River Water Management District Technical Publication, SJ2002-5.

[24] Nakada S, Yasumoto J, Taniguchi M, Ishitobi T (2011) Submarine groundwater discharge and seawater circulation in a subterranean estuary beneath a tidal flat, Hydrol. Process. 25:2755-2763.

[25] NGWA (2010) Brackish Groundwater, National Groundwater Association Information Brief, http://www.ngwa.org/media-center/briefs/documents/brackish_water_info_brief_2010.pdf..

[26] Nicholls R J, Cazenave A (2010) Sea-Level Rise and its Impact on Coastal Zones, Science 328(18): 1517-1520.

[27] Oude Essink GHP, Van Baaren E S, De Louw PGB (2010) Effects of climate change on coastal groundwater systems: a modeling study in the Netherlands, Water Resour. Res. doi:10.1029/2009WR008719.

[28] Parker B B (1991) Sea Level as an Indicator of Climate and Global Change, Mar. Technol. Soc. J. 25 (4):13-24.

[29] Passeri D L, Hagen S C, Medeiros S C, Bilskie M V, Alizad K, Wang D (2015) The dynamic effects of sea level rise on low-gradient coastal landscapes: A review, Earth's Future 3(6):159-181.

[30] Qahman K, Larabi A (2006) Evaluation and numerical modeling of seawater intrusion in the Gaza aquifer (Palestine), Hydrogeology J. 14:713-728.

[31] Rasmussen P, Sonnenborg T O, Goncear G, Hinsby K (2013) Assessing impacts of climate change, sea level rise, and drainage canals on saltwater intrusion on coastal aquifer, Hydrol. Earth Syst. Sci. 17:421-443.

[32] Rosenzweig C, Horton R M, Bader D A, Brown M E, DeYoung R, Dominguez O, Fellows M, Friedl L, Graham W, Hall C, Higuchi S, Iraci L, Jedlovec G, Kaye J, Loewenstein M, Mace T, Milesi C, Patzert W, Stackhouse P W, Toufectis K (2014) Enhancing Climate Resilience at NASA Centers: A Collaboration between Science and Stewardship, Bull. Amer. Meteorol. Soc. 95(9):1351-1363.

[33] Sanford W E, Pope J P (2010) Current challenges using models to forecast seawater intrusion: lessons from the Eastern Shore of Virginia, USA, Hydrogeology J. 18:73-93.

[34] Schmalzer P A, Hinkle G R (1990) Geology, Geohydrology and Soils of Kennedy Space Center: A Review, NASA Technical Memorandum 103813, http://ntrs. nasa. gov/archive/nasa/casi. ntrs. nasa. gov/19910001129.pdf. Cited 2 May 2016.

[35] Schmalzer P A, Hensley M A, Mota M, Hall C R, Dunlevy C A (2000) Soil, Groundwater, Surface Water, and Sediments of Kennedy Space Center, Florida: Background Chemical and Physical Characteristics, NASA/Technical Memorandum-2000-208583, http://ntrs. nasa. gov/archive/nasa/casi. ntrs. nasa. gov/20000116077.pdf. Cited 1 May 2016.

[36] Shah N, Nachabe M, Ross M (2007) Extinction depth and evapotranspiration from ground water under selected land covers, Groundwater 45(3):329-338.

[37] Sharqawy M H, Lienhard J H, Zubair S M (2010) Thermophysical properties of seawater: a review of existing correlations and data, Desalin. Water Treat. 16:354-380.

[38] Sherif M M, Singh V P (1999) Effect of climate change on sea water intrusion in coastal aquifers, Hydrol. Process. 13:1277-1287.

[39] Shoemaker W B, Edwards K M (2003) Potential for saltwater intrusion into the Lower Tamiami Aquifer near Bonita Springs, South western Florida, US Geol Surv Water Resour Invest Rep03-4262.

[40] SJRWMD (2009) Land cover / Land use, St. Johns River Water Management District GIS data, http://www.sjrwmd.com/gisdevelopment/docs/themes.html.

[41] Steyer G D, Perez B C, Piazza S, Suir G (2007) Potential consequences of saltwater intrusion associated with hurricanes Katrina and Rita. In: Farris GS, Smith GJ, Crane MP, Demas CR, Robbins LL, Lavoie DL (eds) Science and the Storms: The USGS responses to the hurricanes of 2005, U.S. Geological Survery.

[42] Sulzbacher H, Wiederhold H, Siemon B, Grinat M, Igel J, Burschil T, Günther T, Hinsby K (2012) Numerical modelling of climate change impacts on freshwater lenses on the North Sea Island of Borkum using hydrological and geophysical methods, Hydrol. Earth Syst. Sci. 16:3621-3643.

[43] Tang Y, Tang Q, Tian F, Zhang Z, Liu G (2013) Responses of natural runoff to recent climatic variations in the Yellow River basin, China, Hydrol. Earth Syst. Sci. 17:4471-4480.

[44] Webb E C, Mendelssohn I A (1996) Factors affecting vegetation dieback of an oligohaline marsh in coastal Louisiana-field manipulation of salinity and submergence, Am. J. Bot., 83(11):1429-1434.

[45] Webb M D, Howard KWF (2011) Modeling the transient response of saline intrusion to rising sea-levels, Groundwater 49(4):560-569.

[46] Werner A D, Simmons C T (2009) Impact of sea-level rise on sea water intrusion in coastal aquifers, Groundwater 47(2):197-204.

[47] Werner A D, Bakker M, Post VEA, Vandenbohede A, Lu C, Ataie-Ashtiani B, Simmons C T, Barry D A (2013) Seawater intrusion processes, investigation and management: Recent advances and future challenges, Adv. Water Resour. 51:3-26.

第 5 章　评估风暴潮对海(咸)水入侵地下水的影响

本章介绍了使用数值模拟方法评估风暴潮对美国佛罗里达州中东部沿海地区浅层地下水海(咸)水入侵程度的影响,将三维变密度地下水数值模拟工具 SEAWAT 应用于美国佛罗里达州中东部梅里特岛和卡纳维拉尔岛,建立并校准了三维变密度地下水流与溶质运移模型,用于模拟风暴潮发生后地下浅层非承压含水层地下水盐分浓度的分布,探讨风暴潮对于地下水埋深及盐分浓度的动态分布和变化规律的影响。模拟结果表明:

(1)由于风暴潮引起的海水入侵会导致含水层中 TDS 浓度迅速显著升高。

(2)雨水下渗可以产生有效的淡水水力屏障,稀释咸水,阻止咸水进一步向内陆迁移,降低地下水中的 TDS 浓度。

(3)通过雨水下渗、稀释和冲洗,地下水水质可能需要大约 8 年时间恢复。

5.1　研究内容简介

海(咸)水入侵是由于沿海含水层过度开采引起的咸水地下水与淡水地下水之间的动态平衡向内陆方向移动的结果。海(咸)水入侵是全球范围内严重的、具有不利影响的地下水污染问题,会造成地下水储量减少、饮用水质量退化和土壤盐碱化等,在世界各地的沿海地区频繁发生,值得密切关注(Bear,1979;Bear 等,1999;Freeze 和 Cherry,1979;Werner 等,2013)。海(咸)水入侵的重点是评估气候变化对其影响,如海平面上升、温度和降水状态的变化、地下水补给量变化、频率和强度不断增加的极端气候等。目前,评估气候变化对沿海含水层海(咸)水入侵的影响的研究蓬勃发展,因为诸如海平面上升、温度和降水变化、热带风暴和飓风等极端天气事件的频率和强度的增加可能进一步加剧海(咸)水入侵的范围,对沿海脆弱地区的沿海工程和饮用水资源管理构成重大挑战。Chang 等(2011)建立了基于 SEAWAT 的数值模型,用于评估概化非承压含水层系统海平面上升对海(咸)水入侵的短期和长期影响;Chui 和 Terry(2013)数值模拟海平面上升对热带太平洋中一个典型环礁的海(咸)水入侵的影响;Colobani 等(2016)使用 SEAWAT 模型模拟气候变化对意大利北部波河沿岸洪泛区的非承压含水层海(咸)水入侵的影响;Langevin 等(2005)建立了地表水/地下水流动和溶质运移的耦合模型,并将其应用于美国佛罗里达南部沿海含水层,评估水文气候条件变化对海(咸)水入侵的影响;Oude Essink 等(2010)建立了三维数值模型模拟了气候变化和人类活动影响下荷兰三角洲沿海北部低洼地区沿海地下水系统的盐度分布;Rasmussen 等(2013)使用基于 SEAWAT 计算机代码的数值方法,评估海平面上升和地下水补给变化对海(咸)水入侵向位于波罗的海西部的岛屿沿海含水层的影响;Sulzbacher 等(2012)建立了一个与密度有关的数值模型,以评估气候变化对德国北海博尔库姆岛含水层的盐度分布的影响;Werner 和 Simmons 开发了两个概念模型,以探讨海平面上升对沿海非承压概念含水层的海(咸)水入侵的影响;

Yang 等(2013，2015)数值模拟了潮汐和风暴潮对德国北部的不来梅港以北沿海含水层盐分分布变化的影响；Yu 等(2016)模拟了美国特拉华州沿海地形特征以及风暴潮频率和强度增加对地下含水层盐碱化的影响。

Bilskie 等(2014)和 Passeri 等(2015)研究表明，美国佛罗里达州中东部沿海低洼海岸冲积平原和障壁岛对海平面上升、热带气旋风暴潮强度和频率增加等相关的水文条件变化具有敏感性，由于海岸线侵蚀和海(咸)水入侵等动态影响，导致植被群落的分布和产量发生变化，例如物种组成可能从耐盐性较差的物种转变为耐盐性较强的物种。因此，为了制定应对潜在海(咸)水入侵问题的气候变化适应策略，有必要研究沿海含水层盐度对海平面上升以及热带气旋风暴潮强度和频率增加的响应。由于佛罗里达州中东部地势低洼的沿海冲积平原和障壁岛地下水流和溶质运输的复杂本质(变密度)，需要使用数值方法来模拟海(咸)水入侵(Anderson 和 Woessner，1991)。SEA-WAT 数值模型(Guo 和 Langevin，2002)已成功应用于很多世界各地的案例研究(Cobaner 等，2012；Langevin，2003；Lin 等，2009；Qahman 和 Larabi，2006；Rasmussen 等，2013；Sanford 和 Pope，2010)。

在美国佛罗里达州中东部地势低洼的沿海冲积平原和障壁岛，海平面上升对海(咸)水入侵的影响程度已由 Xiao 等(2016)使用 SEAWAT 模型定量数值模拟，仿真结果表明，海平面上升将会对海(咸)水入侵发挥至关重要的作用。本研究的目标是使用 SEAWAT 模型来模拟热带气旋造成的风暴潮对佛罗里达州中东部沿海冲积平原和障壁岛海(咸)水入侵的影响。这项科学研究回答了两个关键科学问题：①风暴潮对海(咸)水入侵的定量影响是多少？盐水楔侵入内陆距离是多少？②随着降雨入渗，稀释和冲洗表层含水层中渗入的盐水需要多长时间？

5.2 研究区描述

5.2.1 简述

研究区是位于佛罗里达州中东部的卡纳维拉尔角梅里特岛，它由多个屏障岛、咸水潟湖和大西洋近海组成。研究区占地约 1 000 km²，东面以大西洋为界，东北和北部为 Mosquito 潟湖，西面为 Indiana River 潟湖，东南部为 Banana River 潟湖(见图 5-1)。加勒比海地区独特的过渡地理环境促成了具有高度生物多样性的研究区。地面海拔从 -0.2 m 到 10 m 不等，区域平均值约为 1.2 m，数据来自美国国家航空航天局(NASA)。区域起伏相对较小，因为该区域主要由宽而平坦的低地组成。由于地形平坦，地表水流和地下水流容易受到地表高程变化的影响。

5.2.2 水文气象条件

佛罗里达州中东部属于湿润的亚热带地区，气候夏季炎热潮湿，冬天温和干燥，雨季从 5 月到 10 月，旱季在 11 月(Mailander，1990)。平均最低温度 1 月为 10 ℃，8 月为 22 ℃，平均最高温度 1 月为 22 ℃，7 月为 33 ℃。年降雨量为 848~2 075 mm，年平均降雨量为 1 366 mm(Schmalzer 等，2000)。

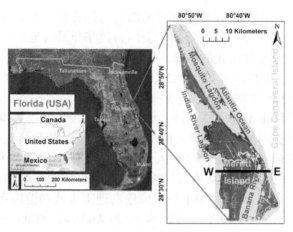

(a)研究区地理位置

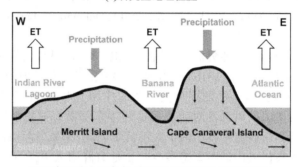

(b)研究区的水文条件(自西向东标有W-E的横断面)

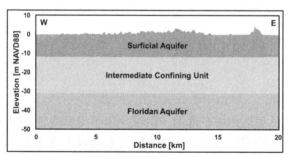

(c)研究区水文地质横断面（自西至东标有W-E的横断面）

图5-1 研究区概述

该地区的水文特征是动态的地表水和地下水之间的相互作用,大部分地区被认为是低潮区。连接大西洋的入口狭窄和遥远,梅利特岛北端的 Mosquito 潟湖和 Indian River 潟湖通过 Haulover 运河相连。Indian River 潟湖和 Banana River 潟湖由一条人工通航运河连接,运河通过卡纳维拉尔港水闸与大西洋相连。潟湖的水位主要由每年海平面的升降决定,10月的最高水位接近 0 m。潟湖之间的水流主要由风力驱动。在大多数地方,沿海潟湖底部覆盖着浅层平坦的海草,平均水深为 1.5 m。在建造航天发射设施期间,航道水深保持在 4 m,并将几条重要航道疏浚至 9~10 m 深,以方便运输。潟湖的总溶解固体浓度通常在 10 000~45 000 mg/L 之间变化。

5.2.3 水文地质条件

研究区水文地层单元由上至下依次为地表含水层系统（Surficial Aquifer Systems）、弱透水层系统（Intermediate Confining Unit）、承压含水层系统（Floridan Aquifer System）和隔水层（Lower Confining Unit）。根据 Schmalzer 和 Hinkle（1990）的描述，各水文地层单元的特征如表 5-1 所示。

表 5-1　各水文地层单元的特征

Geologic age	Composition		Hydro-stratigraphic unit	Thick-ness（m）	Lithological character	Water-bearing property
Holocene and Pleistocene	Holocene and Pleistocene deposits		Surficial aquifer system	0~33	Fine to medium sand, sandy coquina and sandy shell marl	Low permeability, yields small quantity of water
Pliocene	Pliocene and upper Miocene deposits		Intermediate confining unit	6~27	Gray sandy shell marl, green clay, fine sand and silty shell	Very low permeability
Miocene	Hawthorn Formation			3~90	Sandy marl, clay, phosphorite, sandy limestone	General low permeability, yields small quantity of water
Eocene	Ocala Group	Crystal River Formation	Floridan aquifer system	0~30	Porous coquina in soft and chalky marine limestone	General very high permeability, yields large quantity of artesian water
		Williston Formation		3~15	Soft granular marine limestone	
		Inglis Formation		>21	Coarse granular limestone	
	Avon Park Formation			>87	Dense chalky limestone and hard, porous, crystalline dolomite	
Paleocene	Cedar Keys Formation		Lower confining unit	—	Interbedded carbonate rocks and evaporites	Very low permeability

承压含水层系统(Floridan Aquifer System)是一个大型含水层,一般厚度大于 600 m,大多具有很高的渗透性和透水性。一般而言,承压含水层系统受上覆弱透水层及下覆隔水层所限制。在大多数地方,承压含水层系统的水位高于地表含水层系统的地下水位,导致地下水从承压含水层向上渗透到地表含水层,从而为盐分向上运移创造了通道。然而,由于上覆弱透水层渗透率较低,因此向上渗透量相对较小。由于下覆隔水层渗透率极低,通过隔水层的向下渗透非常小。从承压含水层中泵出的地下水被矿化度较高,这极大地限制了承压含水层地下水的开发利用。

地表含水层以上界为地下水位,下界为弱透水层顶部,主要由中-低渗透全新世和更新世细砂、贝壳灰岩、粉砂、贝壳、泥灰岩等沉积物组成。主要补给区位于卡纳维拉尔角岛和东梅里特岛相对较高的沙脊上。地下水位在雨季后期(9~10月)升至最高点,在旱季后期(3~4月)降至最低点。沿海地区形成的咸水/淡水过渡带的厚度和迁移主要取决于水文地质环境的特征和内陆水位的波动。过渡带可以向陆地移动,也可以向海洋移动,与之相对应的是水位的降低或升高。

5.2.4　飓风珍妮引起的风暴潮

本研究探讨飓风珍妮(2004 年 9 月中下旬 5 级热带气旋横扫加勒比海地区)引起的风暴潮对美国佛罗里达州中东部地势低洼的沿海冲积平原和障壁岛的地表含水层海(咸)水入侵影响。飓风珍妮是一个异常巨大和强烈的风暴,被认为是 2004 年大西洋飓风季节中最致命的飓风之一(Demotech,2014)。风暴于 2004 年 9 月 13 日开始在加勒比海地区(包括波多黎各、多米尼加共和国、海地和巴哈马群岛)上空掠过,并最终于 2004年 9 月 25 日以 3 级飓风的形式在研究区以南约 150 km 的佛罗里达斯图亚特附近登陆。飓风珍妮在美国大陆造成 5 人直接死亡和 68 亿美元的财产损失,这使得它成为美国历史上第 13 大造成重大损失的飓风(Lawrence 和 Cobb,2005)。佛罗里达州东部大西洋海岸风暴潮高达 2 m,与飓风珍妮有关。佛罗里达州西部墨西哥湾海岸经历了约 1.4 m 的负风暴潮,紧随其后的是一个约 1.1 m 高的正风暴潮。飓风珍妮带来的风暴潮造成的短期影响是毁灭性的,包括人员伤亡和财产损失;然而,其对沿海地区水资源、植被群落和野生动物栖息地的长期影响也是灾难性的。沿海盐水、淡水沼泽、湿地在风暴潮期间和之后的几天都被淹没。因此,沿海地势平坦、水深较浅的低地,在此次风暴潮事件中经历了海水的覆盖,从而导致了地下水盐度、表层土壤盐渍化和垂直入渗量的增加。地表含水层暴露于漫溢盐水的后果还包括淡水沼泽向盐碱湿地的转变、植被物种枯死、或植被组成从不耐盐向更耐盐物种转变以及和生物质产量降低等(Steyer,2007)。

飓风珍妮造成的风暴潮使大西洋、墨西哥湾和沿海潟湖的水位发生变化,水位的时空变化由风暴潮模拟软件 ADCIRC 模型提供,暂未考虑天文潮汐和波浪的影响(路易斯安那州立大学的 Matthew Bilskie 博士在 2016 年建立了该模型并成功运行)。ADCIRC 风暴潮模型的仿真的最小元素大小在 10 m 内,从风暴潮开始前一天到终止,飓风珍妮过境佛罗里达州并转移到乔治亚州和南卡罗来纳(2004 年 9 月 28 日)。在整个 6 d 风暴潮模拟过程中(始于飓风珍妮登陆佛罗里达东海岸的 2004 年 9 月 23 日的前一天,终于飓风珍妮过境佛罗里达并转移到乔治亚州和南卡罗来纳州 2004 年 9 月 28 日的后一天),"有效"模拟时长为 84 h,从海平面上升开始,到海平面恢复到基准点结束,模拟结果如图 5-2 所示。

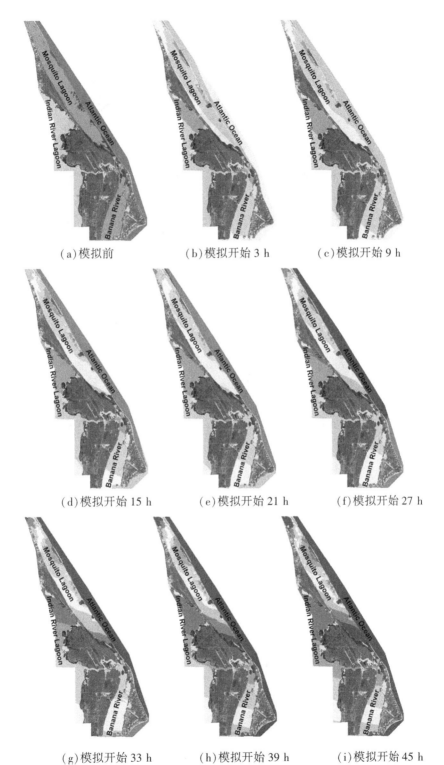

(a)模拟前   (b)模拟开始 3 h   (c)模拟开始 9 h

(d)模拟开始 15 h   (e)模拟开始 21 h   (f)模拟开始 27 h

(g)模拟开始 33 h   (h)模拟开始 39 h   (i)模拟开始 45 h

图 5-2　ADCIRC 模型模拟结果(海岸潟湖和大西洋的时间变化水面标高的时空变化)

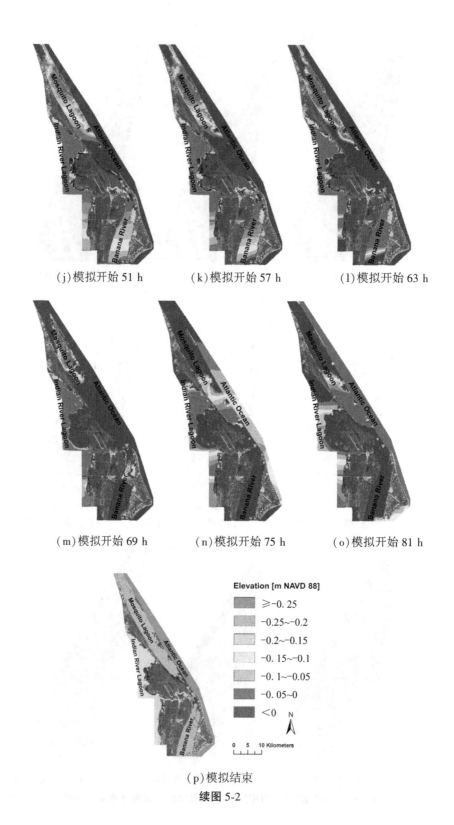

（j）模拟开始 51 h　　　　　（k）模拟开始 57 h　　　　　（l）模拟开始 63 h

（m）模拟开始 69 h　　　　　（n）模拟开始 75 h　　　　　（o）模拟开始 81 h

Elevation [m NAVD 88]

≥-0.25
-0.25~-0.2
-0.2~-0.15
-0.15~-0.1
-0.1~-0.05
-0.05~0
<0

0　5　10 Kilometers

（p）模拟结束

续图 5-2

5.3 数值模拟方法

5.3.1 模型建立

本书建立了参考模型和预测模型,探讨了风暴潮对佛罗里达州中东部沿海地区表层含水层海(咸)水入侵的影响。

5.3.1.1 参考模型

利用 SEAWAT 模型建立参考模型模拟风暴潮发生前地表含水层的稳态地下水位和 TDS 稳态平均浓度。参考模型根据 2006~2014 年监测的地下水位和按土地利用和土地覆盖图分类的沼泽/湿地的空间分布进行校准。所以,模拟的地下水水头根据观测井实测的地下水水头进行校准,而由于缺乏对地表含水层盐度的测量,模拟的 TDS 浓度无法进行校准。参考模型是本研究的基础,预测模型是基于参考模型而建立起来的。地表含水层在地表水和地下水的相互作用中发挥着至关重要的作用,支持沼泽/湿地,并向周围沿海潟湖和大西洋提供地下水排放,地表含水层的盐度对生物多样性生态系统和濒危野生动植物物种的生存极其重要。

5.3.1.2 预测模型

建立 SEAWAT 预测模型模拟风暴潮发生后表层含水层 TDS 浓度的时间变化(模拟时间从风暴潮发生时间到风暴潮发生后 20 年)。参考模型作为"基础"模型,预测模型基于校准后的参考模型建立。与参考模型相比,时间离散从稳态转向非稳态,表示沿海潟湖和大西洋水位的边界条件从定水头边界转换为随时间变化的变水头边界,而其他模型输入包括空间离散、含水层参数、补给、蒸散、侧向水头和底部无通量水文边界等边界条件保持不变,基于其他水文地质条件不受风暴潮影响的假设。由于风暴潮的短暂性,对受影响地区的地下水位深度和 TDS 浓度进行快速响应采样是不可行的,因此无法对已建立的预测模型进行校准。

值得注意的是,本研究没有考虑海平面上升、气温和降水变化等其他气候变化因素的影响,也没有考虑天文潮汐的影响。潮汐波动对地下水水位和 TDS 浓度的影响通常限于非常靠近海岸线的地下水循环区(该区内盐度可能因潮汐活动而变化)(Narayan 等,2007;Yang 等,2013)。另外,潮汐周期中的潮汐活动对盐水/淡水界面和盐水楔块的波动以及对盐水/淡水过渡带迁移的影响非常小,通常被认为是可以忽略不计的(Werner等,2013;Yang 等,2013)。此外,研究区域的潮汐振幅相对较小,仅在毫米范围内,属于微潮汐地区,因为沿海潟湖内的潮汐流动受到特别的阻力(有限的入海口阻塞了进入沿海潟湖的潮汐),且由于河口的规模和浅层性,潮汐能量耗散较大(Bilskie 等,2017),因此本研究未考虑天文潮汐的影响。

5.3.2 用户友好型图形界面

数值模型使用的是 SEAWAT 代码,由 Langevin 等开发。用户界面是 Groundwater Vistas,是环境模拟公司(Environmental Simulations, Inc.)开发的一种全世界范围内广泛使用的用户友好型图形界面,用于创建模型输入和输出文件。建立 SEAWAT 数值模型的优点包括:能够实现更精细的垂直离散化,从而能够精确地模拟垂直盐度梯度以及盐水/淡水过渡带的厚度和迁移;计算量少,模型运行时间缩短。建立 SEAWAT 数值模型的缺点是在局部尺度上牺牲了模拟精度,因为部分地区水文地质特征未知。它的缺点是牺牲了模拟盐度在局部尺度上的准确性。根据校准的参考模型,通过修改边界条件,建立了 5 个预报模型,这些边界条件代表了沿海地区的降水和潟湖和大西洋水位,根据所有其他水文和水文地质条件保持不变的假设,可以量化风暴潮对地表含水层海(咸)水入侵的影响。

5.3.3　时间和空间离散

5.3.3.1　空间离散

能够有效表示和识别咸水/淡水过渡带和地表地形变化的水平和垂直离散化非常重要。在保证计算机运行时间合理的前提下,考虑提高仿真精度,确定水平和垂直离散度。在水平面上,将模型域离散为 373 行 646 列,x、y 方向网格间距均为 100 m[见图 5-3 (a)]。考虑到变密度条件,为了精确模拟流速和溶质运移,通常需要比等密度条件更精细的垂直离散化(Langevin,2003)。除第 1 层外,模型域垂直分为 5 层,层厚均为 2 m[见图 5-3(b)]。第 1 层的顶部高程设置为陆地表面高程,在沿海潟湖和大西洋区域高度为 0 m。地表高程由 NASA 提供的激光雷达 DEM 数据得到。第 1 层的底部标高设置为−2 m。由于缺乏地层资料,地表含水层底部高程尚不清楚。然而,Schmalzer 等(2000)估计地表含水层的厚度为 10~12 m。因此,第 5 层的底部标高设置为−10 m。从第 2 层到第 5 层,为使数值模型不稳定性最小化,各层均设置为平面,厚度均为 2 m。因此,第 2 层、第 3 层、第 4 层和第 5 层的模型网格单元体积均为 100 m×100 m×2 m。然而,由于地形的变化,第 1 层中每个模型网格的体积是不同的。

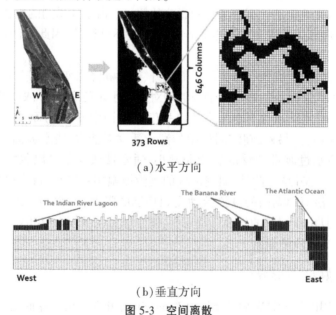

(a)水平方向

(b)垂直方向

图 5-3　空间离散

5.3.3.2 时间离散

参考模型为稳态模型,在海平面上升、风暴潮等气候变化影响可以忽略的前提下,模拟地表含水层 TDS 年平均浓度,其假设为地下水系统与稳态水文气候条件处于"平衡"状态。在时间离散化方面,进一步引入了时间步长,以更好地模拟盐度输运。指定时间步长从 0.01 d 开始,时间步长乘数为 1.2,最大时间步长为 100 d。直到达到稳定状态,参考模型才会终止运行。

与稳态参考模型相比,预测模型是非稳态的,预测模型模拟了风暴潮发生后地表含水层 TDS 浓度的时间变化。预测模型从 2004 年 9 月 25 日开始,2024 年 9 月 26 日结束,20年的模拟周期分为 15 个应力周期。应力期 1~14 的时间段内为风暴潮发生时间,而应力期 15 的时间段为风暴潮结束后 20 年以内。应力期 1~14 的周期均为 6 h,时间步长均为0.1 h(6 min)。而应力期 15 的长度指定为 7 305 d(约 20 年),最小和最大时间步长分别为 0.1 d 和 30 d(从 0.1 d 开始,时间步长乘数为 1.2)。

5.3.4 水文地质参数

具体水文地质参数如表 5-2 所示。假定地表含水层由等效多孔介质组成,这意味着地下管道和空腔没有得到明确的模拟。这一假设对于区域尺度数值模型的实施是合适和合理的,尽管模型结果的解释仅限于局部尺度,但是研究区复杂的水文地质条件得到了极大的简化,有利于模型运行(Langevin,2003)。

表 5-2　水文地质参数

Hydrogeologic Parameters	Value [units]	References
Horizontal Hydraulic Conductivity (K_h)	15 [m/d]	McGurk and Presley,2002
Anisotropy (K_h/K_z)	10 [−]	
Porosity (n)	0.2 [−]	Blandford et al.,1991
Longitudinal Dispersivity (a_L)	6 [m]	Hutchings et al.,2003
Transverse Dispersivity (a_T)	0.01 [m]	
Vertical Dispersivity (a_V)	0.025 [m]	
Diffusion Coefficient (D^*)	0.001 28 [m²/d]	

5.3.5 边界条件

5.3.5.1 参考模型

研究区扩展到近海,以模拟海岸潟湖和大西洋与地表含水层之间的相互作用,边界效应最小。将补给边界和蒸散边界分配在第 1 层的顶部,代表补给地表含水层的渗透雨水和由蒸发和蒸腾造成的地下水损失。由于没有模拟承压含水层向地表含水层向上的地下水渗流,因此底板设置为定水头边界。用定水头定浓度边界和一般水头边界表示侧向边界。抽水井边界设置为井边界。

1.定水头定浓度边界

指定的水头和浓度边界指定给代表沿海潟湖和大西洋的模型网格。在大多数地方,沿海潟湖仅位于第 1 层,因为深度很浅。然而,大西洋深度较深,存在一个或多个层(取决于海底的深度)。由于缺乏监测数据,假定海岸潟湖和大西洋的 TDS 浓度是一样的。作为参考模型,水位和 TDS 的浓度分别设置为 0 m 和 35 kg/m^3(Sharqawy 等, 2010)。第 1 层的边界条件的水平视图如图 5-4(a)所示。

预测模型沿海潟湖和大西洋的水位基于海平面上升的情况,TDS 浓度指定为 35 kg/m^3。由于海平面上升的存在,进一步的内陆海岸线侵蚀是不可避免的。新海岸线是通过将陆地表面高程与新海平面进行比较来估算的,海拔低于新海平面的沿海低地被认为是新沿海潟湖或海。根据该准则,第 1 层的边界条件的水平视图如图 5-4(b)、(c)、(d)所示。

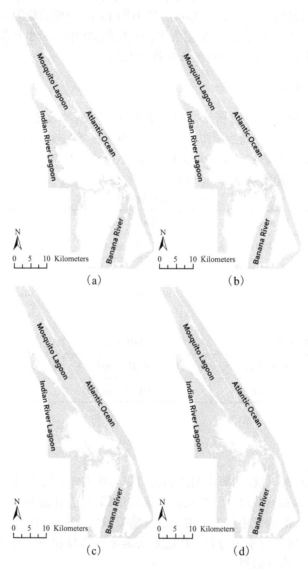

图 5-4　参考模型和预测模型第 1 层的边界条件

2.补给边界

设置补给边界,表示渗透雨水日平均补给量的空间变化。平均日补给率由 2006~2014 年的平均日降水量和补给/降水(R/P)比值给出,主要取决于土壤类型、土地利用和土地覆盖(Cherkauer 和 Ansari,2005;Dawes 等,2012)。St. Johns River Water Management District 提供的土地利用和土地覆盖图如图 5-5(a)所示。城市地区和沼泽/湿地的 R/P 比值为 0(前者的土地覆盖由不透水混凝土组成,后者的饱和土壤均会阻碍雨水的渗入),森林、山地(非林地和农田)的 R/P 比值分别为 0.87、0.96 和 0.87(Brauman 等,2012),平均日补给量的空间变化如图 5-5(b)所示。对于预测模型,假设补给率随降水的增加/减少成比例增加/减少。因此,与情形 0 相比,情形 1 和情形 5 的补给率分别为增加 17% 和减少 7%。

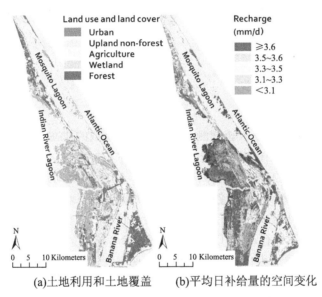

(a)土地利用和土地覆盖   (b)平均日补给量的空间变化

图 5-5 补给边界

3.蒸散型边界

以蒸散边界表示日平均蒸散量的空间变化。模型输入为平均日潜在蒸散发(PET)和植被蒸腾削减深度(ED),平均日蒸散发由基于日潜在蒸散发(PET)和植被蒸腾削减深度(ED)和模拟地下水位深度的来计算。平均每日潜在蒸散发由美国地质调查局(U.S. Geological Survey)数据库给出,森林、山地(非林地和农田)的植被蒸腾削减深度(ED)值分别为 2.5 m、1.45 m 和 2 m(Shah,2007)。

5.3.5.2 预测模型

与参考模型相比,由于海平面在风暴潮期间是变化的,代表海岸潟湖和大西洋水位的恒定水头边界被随时间变化的变水头边界所代替。在假定其他水文气候/水文条件不变的前提下,所有其他边界条件与参考模型完全相同。

5.3.6 初始条件

5.3.6.1 参考模型

由于参考模型是稳态模型,因此不需要精确的初始水头和浓度(初始水头和浓度符合指定的含水层性质和边界条件)。然而在仿真过程中,为了避免数值模型失稳,以实测数据为初始条件,对初始水头和浓度进行合理估计。

5.3.6.2 预测模型

与稳态参考模型不同,非稳态预测模型需要精确的初始水头和浓度。因此,在应力期为 1 的模拟开始前,以校准的参考模型的输出(地下水水头和 TDS 浓度)作为初始条件。从应力期 2 到 15,将前一级应力期模型的输出(地下水水头和 TDS 浓度)作为当前应力期的初始条件。例如,将应力期 2 的模型输出作为应力期 3 的模型输入(初始条件)。

5.4 模型结果

5.4.1 模型校准

如前所述,由于缺乏地下水盐度测量,参考模型模拟的 TDS 浓度无法进行校准。相反,参考模型模拟的水头是根据观测井的实测地下水位标定的。

在 CCBIC 区域内有 10 口观测井,监测 2006~2014 年期间地下水位日变化情况,如图 5-6(a)所示。对 2006~2014 年各个观测井监测的日地下水位进行平均,计算年平均稳态地下水位高度,计算出的地下水位高度作为校准目标。在校准过程中,采用试错法对水平和垂直水力传导系数进行调整,以使模拟水头(参考模型第 1 层输出)与监测水位高度(校准目标)之间的差异最小化。在模拟水头与观测到的地下水位高度匹配到令人满意的程度之前,校准过程不会终止。

校正后,Nash-Sutcliffe 模型效率系数达到 0.96[见图 5-6(b)],模拟结果与实测水头吻合较好,表明模型性能良好。为了进一步确定模型性能,本文引入了"模拟"和"真实"沼泽/湿地的概念。"模拟"沼泽/湿地是指模拟地下水位高于地面高度的土地面积和模拟地下水位高度低于地表高度,但模拟地下水位深度小于 0.2 m 的土地面积。"真实"沼泽/湿地是指圣约翰河水资源管理区提供的 2009 年土地利用和土地覆盖图所分类的沼泽/湿地。"模拟"沼泽/湿地与"真实"沼泽/湿地的比较如图 5-6(c)所示。经统计分析,一致性百分比为 64.6%,显示"模拟"沼泽/湿地与"真实"沼泽/湿地的一致性较好,表明模型性能良好。

请注意,沼泽/湿地是复杂而动态的自然系统,它不仅依赖于地下水位的深度,而且依赖于地形、植被覆盖和土壤类型。因此,仅根据地下水位的深度来定义"模拟"沼泽/湿地的概念并不理想。然而,由于校准目标有限,"模拟"沼泽/湿地与"真实"沼泽/湿地的比较是有用的。此外,实地测量地下水水头和 TDS 浓度期望在以后可以实现,以便进一步校准模型。

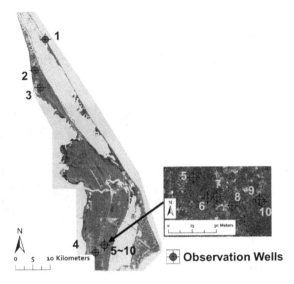

（a）观测井位置

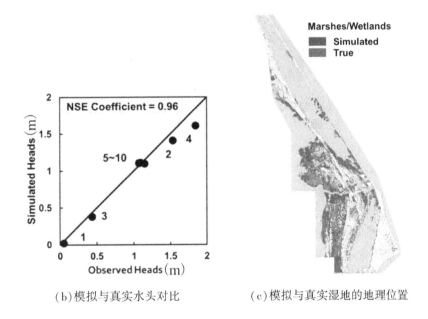

（b）模拟与真实水头对比　　　　　（c）模拟与真实湿地的地理位置

图 5-6　模型校准

5.4.2　盐度的时空分布

根据 National Ground Water Association（NGWA）的定义，TDS 浓度小于 1 000 mg/L 被定义为是淡水，TDS 浓度为 1 000～3 000 mg/L 被定义为微咸水，TDS 浓度为 3 000～10 000 mg/L 被定义为咸水，TDS 浓度为 10 000～50 000 mg/L 被定义为盐水，海水的 TDS 浓度为 35 000 mg/L。SEAWAT 模型模拟的 TDS 浓度提取自模型第 1 层（模型由 5 层组成，第 1 层为最上层）。

5.4.2.1 参考模型

风暴潮发生前地表含水层 TDS 浓度如图 5-7 所示。从水平方向看,过渡带主要位于研究区西部地区,其中咸水楔头侵入内陆 3~4 km。从 N—S 横断面垂直方向看,微盐带和中盐带宽度相对较薄,而高盐带宽度较厚。

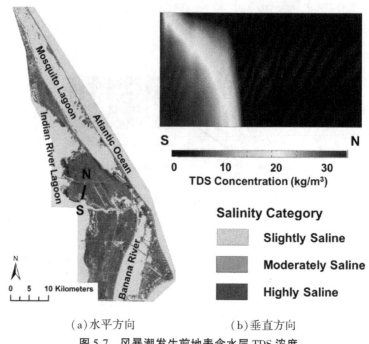

（a）水平方向   （b）垂直方向

图 5-7　风暴潮发生前地表含水层 TDS 浓度

5.4.2.2 预测模型

风暴潮发生后地表含水层 TDS 浓度随时间变化如图 5-8 所示。

从图 5-8 看出,盐水/淡水过渡区主要位于沿海低洼地区(平均地表高程变化从-0.1 m 到 0.2 m)。由于海拔低、地形平坦,热带气旋风暴潮可将海水推向内陆 4~5 km,导致沿海低洼地区大量被海水覆盖。覆层海水能够迅速渗透到非饱和带,咸水垂直向下进入地下水,污染地表含水层,造成严重的海(咸)水入侵。然而,由于降雨充足和含水层渗透率高,渗透盐水的稀释也很快,因为渗透雨水量很大,可产生向下梯度的地下水流动,有助于将盐水运回周围水体,即沿海潟湖和大西洋,因此海(咸)水入侵的严重程度迅速缓解。稀释/冲洗速率为:第一阶段(2005~2011 年)相对较快;第二阶段(2012~2024 年)速度相对较慢;第一、二阶段后,大量的盐水排入周围水体,剩余的渗透盐水仍处于稀释阶段,稀释/冲洗速度较慢。

图 5-8 突出显示了咸水/淡水过渡带位置的时间变化。高亮区域的扩大表明过渡区向内陆迁移,而高亮区域的收缩表明过渡区向海洋迁移。高亮区域的覆盖面积、高亮区域的覆盖面积百分数、高亮区域的覆盖面积百分数的增加均被计算,计算结果列入表 5-3。此外,高亮区域的覆盖面积百分数的增加程度如图 5-9 所示。

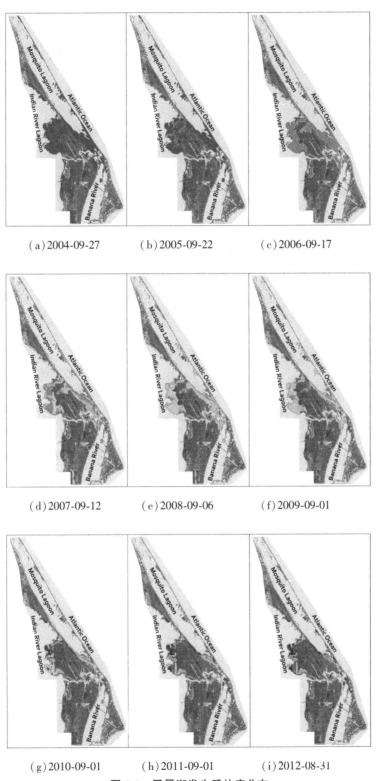

(a) 2004-09-27　　(b) 2005-09-22　　(c) 2006-09-17

(d) 2007-09-12　　(e) 2008-09-06　　(f) 2009-09-01

(g) 2010-09-01　　(h) 2011-09-01　　(i) 2012-08-31

图 5-8　风暴潮发生后盐度分布

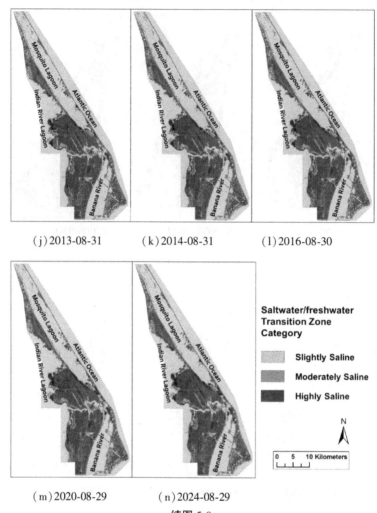

（j）2013-08-31　　　　　（k）2014-08-31　　　　　（l）2016-08-30

Saltwater/freshwater
Transition Zone
Category

　　Slightly Saline

　　Moderately Saline

　　Highly Saline

N

0　5　10 Kilometers

（m）2020-08-29　　　　（n）2024-08-29

续图 5-8

表 5-3　高亮区域增加百分比随时间变化率

Date	Covering area（km²）	Percentage（%）	Percentage Increase（%）
Before Storm Surge	69	13.55	—
Sep. 27th, 2004	165	32.34	18.79
Jan. 25th, 2005	168	32.83	19.28
May 25th, 2005	169	32.98	19.42
Sep. 22nd, 2005	168	32.96	19.41
Jan. 20th, 2006	168	32.83	19.28
May 20th, 2006	167	32.60	19.05
Sep. 17th, 2006	165	32.22	18.67

Date	Covering area（km²）	Percentage（%）	Percentage Increase（%）
Jan. 15th, 2007	162	31.72	18.17
May 15th, 2007	159	31.14	17.59
Sep. 12th, 2007	156	30.59	17.04
Jan. 10th, 2008	153	29.92	16.36
May 9th, 2008	149	29.09	15.54
Sep. 6th, 2008	144	28.13	14.58
Jan. 4th, 2009	138	27.06	13.51
May 4th, 2009	133	26.07	12.51
Sep. 1st, 2009	128	25.09	11.53
Sep. 1st, 2010	99	19.40	5.85
Sep. 1st, 2011	86	16.75	3.20
Aug. 31st, 2012	81	15.77	2.22
Aug. 31st, 2013	77	15.11	1.56
Aug. 31st, 2014	75	14.64	1.09
Aug. 30th, 2016	73	14.26	0.71
Aug. 30th, 2018	72	14.10	0.55
Aug. 29th, 2020	72	14.04	0.49
Aug. 29th, 2022	71	13.97	0.41
Aug. 29th, 2024	71	13.91	0.36

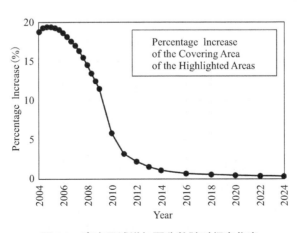

图 5-9　高亮区域增加百分数随时间变化率

高亮区域的覆盖面积在风暴潮发生前(2004年9月25日)为0,在风暴潮发生后显著增加至18.79%。然后,增长率曲线继续上升,直到2005年5月25日达到峰值,即19.42%。之后百分数增长曲线开始沿一阶指数衰减曲线下降。从2005年到2011年,百分数增长曲线的递减率较快(年递减率约为2.70%),说明大量渗入的盐水被稀释冲回沿海潟湖和大西洋。从2012年到2024年,百分数增长曲线的递减率较慢(年递减率约为0.16%),说明稀释/冲刷过程继续以较慢的速度进行,表层含水层TDS浓度逐渐恢复正常。根据百分数增长曲线,估计渗透的雨水将绝大部分渗透的盐水稀释冲回沿海潟湖和大西洋大约需要8年时间。然而,表层含水层水质的全面恢复可能还需要更长的时间。

5.5 讨 论

热带气旋风暴潮对研究区表层含水层海(咸)水入侵程度的影响是研究区当地生态系统关注的重要问题。席卷研究区的风暴潮会导致沿海低地的海水漫过,如果海浪和风暴潮足够高,海浪可以到达并越过海防结构的顶部(EurOtop,2007)。风暴潮消退之后,被困在地形凹陷的沿海低洼地区停滞的海水,能迅速渗透到地下,污染地下水,而被海水淹没的开采井可以大大加快海水的垂直传播,导致海(咸)水入侵地表含水层(Vithanage等,2012)。

风暴潮发生后,渗入的盐水在较轻的淡水层之上形成一层较致密的流体,入渗的咸水被渗入的雨水强迫向沿海潟湖和大西洋方向运动,导致表层含水层TDS浓度降低,这个过程称为含水层水质的自然修复(Steyer等,2007)。通常,自然修复过程需要几个月到几年的时间,这取决于含水层渗透率和水文气候条件(Yang等,2013~2015)。在含水层渗透率高、降雨充足的情况下,自然修复过程较快;在含水层渗透率低、降雨不足的情况下,自然修复过程较慢。从仿真结果估计,研究区自然修复过程可能需要大约8年。相比太平洋海岛含水层的恢复时间,如南太平洋北部库克群岛的Pukapuka环礁(Terry和Faukland,2009),本研究区地表含水层的恢复时间要长得多,这主要是由于降雨的浸润量和含水层的渗透性不同。首先,研究区表层含水层的渗透率比Pukapuka环礁沿海含水层的渗透率低一个数量级。其次,研究区年平均降雨量的长期记录约为1366 mm,不到Pukapuka环礁年平均降雨量的一半(约2860 mm)。第三,风暴潮在9月下旬,即旱季之前的雨季接近尾声时席卷了研究区。在接下来7个月的旱季,渗透雨水对渗透盐水的稀释/冲刷作用有限,而由于表层海水的不断渗透/扩散,海(咸)水入侵表层含水层的程度加剧。如果袭击研究区的风暴潮更早一些(比如发生在雨季),很有可能自然修复过程会更快,恢复时间可能会更短,因为雨季大范围的降雨引起的淡水渗透可以更有效地稀释/冲洗入侵的盐水。

虽然自然修复过程可能需要大约8年的时间才能使不断增加的盐度恢复到正常状态,但是8年内不断增加的盐度可能会对研究区产生长期的环境影响。增加的盐度会改变植物的代谢途径和活动速率,从而给植物生长发育带来问题,而研究区域的影响大小取决于盐度水平变化的大小。盐对植物群落的影响取决于植物物种、持续时间和接触程度、盐度量、盐度增加率、土壤和矿物含量,一些植物物种可以容忍一次盐度增加,而盐度下降后很快就可以恢复,然而有些植物却不能容忍盐度增加,且盐度下降后不能恢复(Howard和 Mendelssohn,1999;Webb 和 Mendelssohn,1996)。暴露于盐度增加的后果包括但不限于改变植物群落的分布和生产力、植物枯萎和死亡、植物群落组成的变化(从不耐盐性物种向耐盐性物种转变)和生物质产量降低(Steyer 等,2007)。此外,研究区主要由淡水、微咸水、半咸水和半咸水沼泽/湿地组成,传统淡水地区盐度的增加会导致淡水沼泽/湿地向半咸水沼泽/湿地的转变。此外,增加盐分会降低柑橘的产量,而柑橘是研究区的主要农产品。此外,盐分的增加可能影响农业和家庭使用的抽水井的供水。

作为自然修复的补充,海(咸)水入侵的程度可以通过人工修复得到进一步的减轻。Oude Essink(2001)提出了五种人为缓解措施来预防或延缓 SWI 过程,包括:通过在海岸线附近的深井注入或渗透淡水或再生水来建立淡水注入屏障;抽取含盐/微咸地下水;降低地下水抽采率和/或沿海抽水井搬迁;在高地地区增加人工补给,以扩大海底地下水的排泄,以形成有效的水力屏障,阻止咸水进一步向内陆迁移,并为咸水稀释和冲洗提供向下梯度的淡水排放;构建物理屏障,如板桩和黏土沟。在这些人为缓解措施中,通过在海岸线附近的深井注入或渗透淡水或再生水来建立淡水注入屏障,以及在高地地区增加人工补给,以扩大海底地下水的排泄,形成有效的水力屏障,阻止咸水进一步向内陆迁移,并为咸水稀释和冲洗提供向下梯度的淡水排放,在研究区可能是有效的。此外,在沿海低洼地区防止海水漫溢,对于降低海水渗透/扩散到表层含水层的风险,是极其重要和必要的。人工海堤等海防建筑物的建造和维护是稳定海滩和海岸线、保护沿海低地免受海水漫溢的良好选择,主要用于吸收海浪的冲击,以保护海岸线免受高能海浪的冲击。然而,建造防波堤/海堤的成本通常是昂贵的,实际上并没有必要建造防波堤/海堤,因为研究区域是天然的,没有人工港口、码头或航道进出口。因此,一个经济而有效的措施是对现有沙丘进行增高和加固,在海岸线附近沙丘被破坏或消失的地方建立"新"沙丘,以阻止风暴潮引起的海水冲刷沿海低地。如果不发生沿海低地的海水漫过,预计海(咸)水入侵的程度会大大减小。

仿真结果提供一个初步的探索风暴潮对研究区地表含水层海(咸)水入侵的影响,并估算了自然修复过程中地表含水层的恢复时间,这对适应气候变化的讨论是非常有用的。但是,需要注意的是,参考模型和预测模型的结果可能会有较大的不确定性,导致仿真结果在一定程度上不完全可靠。

第一,缺乏足够的校准采样数据,其不确定范围较大,对仿真结果的影响较大。正如上面提到的,由于缺少盐度实测值,模拟的 TDS 浓度无法校准。由于缺乏足够的地下水位和盐度测量,模拟水位和 TDS 浓度不能被很好地校准。即使现在在研究区内实施地下水监测系统是可行的,但由于风暴潮是几年前发生的,收集现在的数据来校准诊断模型可能也不实际。

第二,水文地质参数的空间变化(水平/垂直水力传导系数、孔隙度、纵向/横向/垂直分散系数、扩散系数)具有不确定范围,影响仿真结果,然而由于缺少水文地质调查,其时空变化被忽略。由于缺乏地球物理调查和钻孔试验,水文地质参数的空间变化是未知的,地表含水层被认为是均匀的,初始值是均匀的,所有的模型网格单元在标定过程中未被调整。对地表含水层非均质性影响的忽视,在牺牲局部尺度模拟盐度精度的同时,简化了模型,但对于区域尺度模型被认为是合适和合理的。这种"简单"模型实现的优点包括但不限于能够实现更精细的垂直离散化,从而能够准确模拟垂直盐度梯度以及盐水/淡水过渡带的厚度和迁移;计算量小,计算机运行时间短;降低数值模型不稳定的风险。

第三,模型简化的假设具有不确定性范围,对仿真结果有影响。由于变密度条件和气候变化的复杂性,海(咸)水入侵被认为是一个复杂的水文地质过程,为了简化模型的实现过程,需要做几个假设。简化假设包括:地表径流可以忽略不计,表层海水垂直向下渗透,最终到达地下水位;在3.5 d有效风暴潮持续时间后,将剩余的溢顶海水抽干,使后期海水淤积深度为零;风暴潮后海岸侵蚀忽略不计;在复杂多变的气候条件下,忽略海平面的持续上升和与其他热带气旋带来的风暴潮叠加;天文潮汐的影响忽略不计。上面提到的这些假设都具有不确定范围,可能会影响仿真结果。由于厄尔尼诺现象的频繁发生增加了极端气候事件的频率和强度,如热带风暴和飓风,结合海平面上升,预计将会给沿海地区带来更频繁和剧烈的暴风雨(Van Biersel等,2007),而暴风雨的大小取决于风暴动力学、海岸地形以及海岸线相对于风暴路径的位置(Bruss等,2011)。因此,如果预测加勒比地区在今后几年将出现更强和更持久的厄尔尼诺现象,研究区的表层含水层将受到风暴潮和海平面上升以及有限的淡水资源限制等更大威胁。

综上所述,由于采样数据的不足和简化模型的假设,使模型结果具有不确定性。表层含水层的含盐量对当地的生物多样性生态系统极为重要,盐度增加对濒危野生动物的生存具有极大的威胁。考虑到表层含水层盐度水平的重要性,随着咸水/淡水过渡带的位置和迁移可能随时间发生变化,海(咸)水入侵的范围应定期进行调查。因此,实施地下水连续监测系统,监测地表含水层地下水水位和 TDS 浓度的时间变化,进行地球物理调查和钻孔试验,确定土壤特征,无疑具有重要意义。可以看出,研究区内仅有 10 口观测井,监测 2006~2014 年期间地下水位日变化情况。然而,这些观测井或者位于研究区的北部,或者位于研究区的南部,而在研究区的中部没有建立观测井。因此,为了提高所收集数据的代表性,必须在研究区中部及其附近新建观测井。此外,水文地球化学分析应每月进行一次,或每年至少进行两次(一次在雨季结束时如 9~10 月,一次在旱季结束时如 4~5 月)。如果能够建立和使用这种地下水监测系统,并进行水文地球化学分析,就有可能进一步校准,以提高模拟结果的准确性和减少不确定性。此外,为了得到更可靠、更充分的海(咸)水入侵结果,数值建模方法可以与其他技术相结合。比如数值模拟方法可以与已开发的 GALDIT、GALDIT-F 方法以及 ERT 技术相结合,从而全面了解研究区海(咸)水入侵地表含水层的复杂过程。

5.6 结 论

地下水盐分对理解风暴潮对沿海地下水资源和生态系统的短期和长期影响至关重要。本研究的目的是探索飓风珍妮引起的风暴潮对佛罗里达州中东部地势低洼的沿海冲积平原和障壁岛地表含水层海(咸)水入侵的影响,并估算自然修复条件下地表含水层的恢复时间。为了实现这一目标,本书建立了 SEAWAT 参考模型和 SEAWAT 预测模型。

这项研究的结果有助于正在进行的研究,即预测研究区植被应对气候变化的措施,并为沿海地下水资源管理、土地利用规划、生态系统保护提供了参考。未来的研究将考虑降雨变化、海平面持续上升和多个热带气旋引起的风暴潮的叠加产生的耦合效应对佛罗里达州中东部地势低洼的沿海冲积平原和障壁岛地表含水层海(咸)水入侵的影响,从而全面评估气候变化对佛罗里达州中东部沿海表层含水层海(咸)水入侵的影响。

参 考 文 献

[1] Anderson M P, Woessner W W (1991) Applied Groundwater Modeling: Simulation of Flow and Advective Transport. Academic Press.

[2] Bear J (1979) Hydraulics of Groundwater. McGraw-Hill.

[3] Bear J, Cheng A, Sorek S, Ouazar D, Herrera I (1999) Seawater Intrusion in Coastal Aquifers: Concepts, Methods and Practices (Theory and Applications of Transport in Porous Media). Kluwer Academic Publishers .

[4] Bilskie M V, Hagen S C, Medeiros S C, Passeri D L (2014) Dynamics of sea level rise and coastal flooding on a changing landscape, Geophys. Res. Lett. 41(3):927-934.

[5] Bruss G, Gönnert G, Mayerle R (2011) Extreme scenarios at the German North Sea coast: A numerical model study, https://icce-ojs-tamu.tdl.org/icce/index.php/icce/article/download/1428/pdf_379.

[6] Chang S W, Clement T P, Simpson M J, Lee K (2011) Does seal-level rise have an impact on saltwater intrusion? Adv. Water Resour. 34:1283-1291.

[7] Chui TFM, Terry J P (2013) Influence of sea-level rise on freshwater lenses of different atoll island sizes and lens resilience to storm-induced salinization, J. Hydrol. 502:18-26.

[8] Cobaner M, Yurtal R, Dogan A, Motz L H (2012) Three dimensional simulation of seawater intrusion in coastal aquifers: a case study in the Goksu Deltaic Plain, J. Hydrol. 464-465:262-280.

[9] Colombani N, Osti A, Volta G, Mastrocicco M (2016) Impact of climate change on salinization of coastal water resources, Water Resour. Manage. 30:2483-2496.

[10] Demotech Inc. (2014) Impact of storms on the Florida property insurance market 1990~2003, Demotech Inc. Special Report, http://www.demotech.com/pdfs/papers/florida_cat_paper_20140723.pdf.

[11] EurOtop (2007) Manual on wave overtopping of sea defenses and related structures: An overtopping manual largely based on European research, but for worldwide application (2nd edition), http://www.overtopping-manual.com/docs/EurOtop%20II%202016%20Pre-release%20October%202016.pdf.

[12] Freeze R A, Cherry J A (1979) Groundwater. Prentice Hall.

[13] Foster T E, Stolen E D, Hall C R, Schaub R, Duncan B W, Hunt D K, Drese J H (2017) Modeling vegetation community responses to sea-level rise on Barrier Island systems: A case study on the Cape Canaveral Barrier Island Complex, Florida, USA. PLoS ONE 12(8): e0182605.

[14] Guo W, Langevin C D (2002) User's Guide to SEAWAT: A Computer Program for Simulation of Three-Dimensional Variable-Density Ground-Water Flow, Techniques of Water-Resources Investigations Book 6.

[15] Hall C R, Schmalzer P A, Breininger D R, Duncan B W, Drese J H, Scheidt D A, Lowers R H, Reyier E A, Holloway-Adkins K G, Oddy D M, Cancro N R, Provancha J A, Foster T E, Stolen E D (2014) Ecological impacts of the space Shuttle Program at John F. Kennedy Space Center, Florida. NASA/TM-2014-216639, NASA, Washington, DC.

[16] Howard R J, Mendelssohn I A (1999) Salinity as a constraint on growth of oligohaline marsh

macrophytes. I. species variation in stress tolerance, Am. J. Bot. 86(6):785-794.

[17] Intergovernmental Panel on Climate Change (2007) IPCC Climate change synthesis report: Summary for Policymakers, https://www.ipcc.ch/pdf/assessment-report/ar5/syr/AR5_SYR_FINAL_SPM.pdf.

[18] Kazakis N, Pavlou A, Vargemezis G, Voudouris K S, Soulios G, Pliakas F K, Tsokas G (2016) Seawater intrusion mapping using electrical resistivity tomography and hydrochemical data. An application in the coastal area of eastern Thermaikos Gulf, Greece, Sci. Total Environ. 543:373-387.

[19] Kazakis N, Spiliotis M, Voudouris K S, Pliakas F K, Papadopoulos B (2018) A fuzzy multicriteria categorization of the GALDIT method to assess seawater intrusion vulnerability of coastal aquifers, Sci. Total Environ. 621:524-534.

[20] Langevin C D (2003) Simulation of submarine groundwater discharge to a marine estuary: Biscayne Bay, Florida, Groundwater 41(6):758-771.

[21] Langevin C D, Swain E, Wolfert M (2005) Simulation of integrated surface water/ground-water flow and salinity for a coastal wetland and adjacent estuary, J. Hydrol. 314:212-234.

[22] Langevin C D, Thorne D T, Dausman A M, Sukop M C, Guo W (2008) SEAWAT Version 4: a computer program for simulation of multispecies solute and heat transport. US Geological Survey Techniques and Methods, Book 6, USGS, Reston, VA.

[23] Lawrence M B, Cobb H D (2005) Tropical cyclone report-hurricane Jeanne, 13-28 September 2004, National Hurricane Center, http://www.nhc.noaa.gov/data/tcr/AL112004_Jeanne.pdf.

[24] Lin J, Snodsmith B, Zheng C, Wu J (2009) A Modeling Study of Seawater Intrusion in Alabama Gulf Coast, USA, Environ. Geol. 57:119-130.

[25] Mailander J L (1990) Climate of the Kennedy Space Center and vicinity. NASATech. Memo. 103498, NASA, Washington, DC.

[26] Miller J A (1986) Hydrogeologic framework of the Floridan aquifer system in Florida and in parts of Georgia, Alabama, and South Carolina, U.S. Geological Survey Professional Paper 1403-BRupert F, Spencer S (2004) Florida's sinkholes Poster 11. Florida Geological Survey, Florida Department of Environmental Protection, Tallahassee, Florida.

[27] Narayan K A, Schleeberger C, Bristow K L (2007) Modeling seawater intrusion in the Burdekin Delta irrigation area, North Queensland, Australia, Agr. Water Manage., 89:217-228.

[28] NGWA (2010) Brackish groundwater. National Groundwater Association Information Brief. http://www.ngwa.org/mediacenter/briefs/documents/brackish_water_info_brief_2010.pdf.

[29] Oude Essink GHP (2001) Improving fresh groundwater supply-problems and solutions, Ocean Coastal Manage. 44:429-449.

[30] Oude Essink G H P, Van Baaren E S, De Louw PGB (2010) Effects of climate change on coastal groundwater systems: a modeling study in the Netherlands, Water Resour. Res.

[31] Passeri, D L., S C. Hagen, M V. Bilskie, S C. Medeiros (2015a) On the significance of incorporating shoreline changes for evaluating coastal hydrodynamics under sea level rise scenarios, Natural Hazards, Vol. 75 (2), pp. 1599-1617.

[32] Passeri D L, Hagen S C, Medeiros S C, Bilskie M V, Alizad K, Wang D (2015b) The dynamic effects of sea level rise on low-gradient coastal landscapes: A review, Earth's Future 3(6):159-181.

[33] Ptak T, Yang M, Graf J, Robert T M (2011) A modelling study of saltwater intrusion and storm surge processes in coastal areas under climate change, AGU fall meeting abstract.

[34] Qahman K, Larabi A (2006) Evaluation and numerical modeling of seawater intrusion in the Gaza aquifer

（Palestine），Hydrogeology J. 14:713-728.

[35]Rasmussen P, Sonnenborg T O, Goncear G, Hinsby K（2013）Assessing impacts of climate change, sea level rise, and drainage canals on saltwater intrusion on coastal aquifer, Hydrol. Earth Syst. Sci. 17: 421-443.

[36]Sanford W E, Pope J P（2010）Current challenges using models to forecast seawater intrusion: lessons from the Eastern Shore of Virginia, USA, Hydrogeol. J. 18:73-93.

[37]Schmalzer P A, Hinkle G R（1990）Geology, geohydrology and soils of Kennedy Space Center: a review. NASA Tech. Memo. 103813, NASA, Washington, DC. http://ntrs. nasa. gov/archive/nasa/casi. ntrs. nasa.gov/19910001129.pdf.

[38]Schmalzer P A, Hensley M A, Mota M, Hall C R, Dunlevy C A（2000）Soil, groundwater, surface water, and sediments of Kennedy Space Center, Florida: background chemical and physical characteristics. NASA/Technical Memorandum-2000-208583, NASA, http://ntrs.nasa.gov/archive/nasa/casi.ntrs.nasa.gov/20000116077.pdf.

[39]Sharqawy M H, Lienhard J H, Zubair S M（2010）Thermophysical properties of seawater: a review of existing correlations and data, Desalin. Water Treat 16:354-380.

[40]Steyer G D, Perez B C, Piazza S C, Suir G（2007）Potential consequences of saltwater intrusion associated with Hurricanes Katrina and Rita: Chapter 6C in Science and the storms-the USGS response to the hurricanes of 2005, Circular 1306-6C.

[41]Sulzbacher H, Wiederhold H, Siemon B, Grinat M, Igel J, Burschil T, Günther T, Hinsby K（2012）Numerical modelling of climate change impacts on freshwater lenses on the North Sea Island of Borkum using hydrological and geophysical methods. Hydrol. Earth Syst. Sci. 16:3621-3643.

[42]Tang Y, Tang Q, Tian F, Zhang Z, Liu G（2013）Responses of natural runoff to recent climatic variations in the Yellow River basin, China, Hydrol. Earth Syst. Sci. 17:4471-4480.

[43]Terry J P, Falkland A C（2010）Responses of atoll freshwater lenses to storm-surge overwash in the Northern Cook Island, Hydrogeol. J., 18:749-759.

[44]Van Biersel T P, Carlson D A, Milner L R（2007）Impact of hurricane storm surges on the groundwater resources, Environ. Geol. 53:813-826.

[45]Vithanage M, Engesgaard P, Jensen K H, Illangasekare T H, Obeysekera J（2012）Laboratory investigations of the effects of geologic heterogeneity on groundwater salinization and flush-out times from a tsunami-like event, J. Contam. Hydrol. 136-137:10-24.

[46]Webb E C, Mendelssohn I A（1996）Factors affecting vegetation dieback of an oligohaline marsh in coastal Louisiana-field manipulation of salinity and submergence, Am. J. Bot. 83(11):1429-1434.

[47]Werner A D, Simmons C T（2009）Impact of sea-level rise on sea water intrusion in coastal aquifers, Groundwater 47(2):197-204.

[48]Werner A D, Bakker M, Post VEA, Vandenbohede A, Lu C, Ataie-Ashtiani B, Simmons CT, Barry DA（2013）Seawater intrusion processes, investigation and management: Recent advances and future challenges, Adv. Water Resour. 51:3-26.

[49]Williams L J, Kuniansky E L（2016）Revised hydrogeologic framework of the Floridan aquifer system in Florida and parts of Georgia, Alabama, and South Carolina（ver. 1.1, March 2016）: U.S. Geological Survey Professional Paper 1807, 23 pls. .

[50]Xiao H, Wang D, Hagen S C, Medeiros S C, Hall C R（2016）Assessing the impacts of sea-level rise and precipitation change on the surficial aquifer in the low-lying coastal alluvial plains and barrier islands,

east-central Florida (USA), Hydrogeol. J. 24(7):1791-1806.

[51] Yang J, Graf T, Herold M, Ptak T (2013) Modelling the effects of tides and storm surges on coastal aquifers using a coupled surface-subsurface approach, J. Contam. Hydrol. 149:61-75.

[52] Yang J, Graf T, Ptak T (2015) Sea level rise and storm surge effects in a coastal heterogeneous aquifer: a 2D modelling study in northern Germany, Grundwasser-Zeitschrift der Fachsektion Hydrogeologie 20: 39-51.

[53] Yu X, Yang J, Graf T, Koneshloo M, O'Neal MA, Michael HA (2016) Impact of topography on groundwater salinization due to ocean surge inundation, Water Resour. Res. 52:5794-5812.

第6章 评估风暴潮和海平面上升对海(咸)水入侵地下水的叠加影响

本章介绍了美国佛罗里达州中东部沿海地区受热带气旋风暴潮和海平面持续上升的叠加影响,海水侵入地表含水层,造成地下水水质恶化和生物多样性生态系统退化。在这项研究中,定量研究了3级飓风(2004年9月中下旬袭击佛罗里达大西洋和墨西哥湾海岸的飓风珍妮)引起的风暴潮和海平面上升驱动下美国佛罗里达州中东部沿海地区海(咸)水入侵地表含水层的程度,定量比较了3级飓风造成的海(咸)水入侵程度还是海平面上升造成的海(咸)水入侵程度更为显著。结果表明:

(1)如果海平面以低、中、高速率上升,在风暴潮发生后的12年、10年、9年内,风暴潮的影响比海平面上升的影响更显著。

(2)如果风暴潮在重现期内至少发生一次(8~12年),风暴潮的影响大于海平面上升的影响。

(3)海平面以低、中、高速率上升0.3 m时,风暴潮的最大效应与95年、45年、28年海平面上升的效应"等效"。本研究的结果提醒公众,在佛罗里达州中东部沿海地区,风暴潮和海平面上升对表层含水层海(咸)水入侵的有害"叠加"效应应引起更多的关注。研究成果为水文地质工程师与市政规划人员研究与制定地下水管理策略提供了科学依据和决策支持。

6.1 研究内容简介

气候变化(海平面上升、飓风引起的风暴潮、长期干旱、降雨变化等)影响下海(咸)水入侵沿海含水层是全球公认的有害的问题,导致土壤和地下水盐化,淡水减少存储、抽水井关闭或向内陆方向搬迁、植被物种枯死等(Bear 等,1999;Steyer 等,2007;Werner 等,2013)。由于沿海含水层在非均质、变密度条件下的复杂性,数值模拟已被公认为是解决气候变化条件下海(咸)水入侵问题的有效工具,全球已有多位研究者开展了大量的案例研究。例如,Langevin 等(2003)用数值方法评价了水文气候条件的变化对南佛罗里达 Biscayne 含水层海(咸)水入侵的影响;Oude Essink 等(2010)对气候变化和人为活动对荷兰沿海低洼三角洲沿岸含水层海(咸)水入侵的潜在影响进行了数值研究;Sulzbacher 等(2012)对气候变化对德国北海 Borkum 岛滨海含水层海(咸)水入侵的影响进行了数值研究;Chui and Terry(2013)对海平面上升对太平洋环礁岛屿地下水的海(咸)水入侵的影响进行了数值研究;Rasmussen 等(2013)对波罗的海西部某海岛海平面上升和地下水补给变化对海(咸)水入侵进入滨海含水层的影响进行了数值研究;Romanazi 等(2015)对意大利南部阿普利亚地区地中海岩溶滨海含水层海(咸)水入侵和气候变化对地下水质量的影响进行了数值研究;Yang等(2013,2015)对德国北部Bremerhaven北部沿海含水层潮汐和风暴潮对海(咸)水入侵的影响进行了数值研究;Colombani等(2016)对气候变化对意大利北部波河沿岸漫滩非承压含水层海(咸)水入侵的影响进行了数值量化。

美国佛罗里达州中东部沿海低洼冲积平原和堰洲岛对由温室效应增强的厄尔尼诺条件造成的不断变化的水文条件(如持续的海平面上升和热带风暴和飓风造成的加强的风暴潮)较为敏感(Bilskiedeng,2014);连续的海平面上升会导致沿海低地的永久淹没,如果波浪涌上海防结构的表面,增强的风暴潮会导致沿海低地的暂时淹没(Mahmoodzadeh和Karamouz 2017;Werner等,2013)。被困在地形凹陷的沿海低洼地区停滞的海水,能迅速渗透到地下,污染地下水,而被海水淹没的开采井可以大大加快海水的垂直传播,导致海(咸)水入侵地表含水层(Vithanage等,2012)。

在美国佛罗里达州中东部地势低洼的沿海冲积平原和障壁岛,海平面上升对海(咸)水入侵的影响程度已由Xiao等(2016)使用SEAWAT模型定量数值模拟,仿真结果表明,海平面上升将会对海(咸)水入侵发挥至关重要的作用。3级飓风引起的风暴潮对海(咸)水入侵的影响程度已由Xiao等(2019)使用SEAWAT模型定量数值模拟,仿真结果表明,风暴潮将会对海(咸)水入侵发挥至关重要的作用。然而,风暴潮与海平面上升的叠加效应对地表含水层海(咸)水入侵的影响还没有被量化,而风暴潮的影响显著还是海平面上升的影响显著还不清楚。本研究定量研究了3级飓风(2004年9月中下旬袭击佛罗里达大西洋和墨西哥湾海岸的飓风珍妮)引起的风暴潮和海平面上升驱动下美国佛罗里达州中东部沿海地区海(咸)水入侵地表含水层的程度,定量比较了是3级飓风造成的海(咸)水入侵程度还是海平面上升造成的海(咸)水入侵程度更为显著。这项研究的结果警告公众在佛罗里达州中东部沿海地区,风暴潮和海平面上升对表层含水层海(咸)水入侵的有害"叠加"效应值得引起更多的关注,并敦促政府立即采取措施,如建设、加强、提高和维护沿海海堤以防止海(咸)水入侵。

6.2　研究区描述

研究区是位于佛罗里达州中东部的卡纳维拉尔角梅里特岛,它由多个屏障岛、咸水潟湖和大西洋近海组成。研究区占地约1 000 km²,东面以大西洋为界,东北和北部为Mosquito潟湖,西面为Indiana River潟湖,东南部为Banana River潟湖(见图6-1)。加勒比海地区独特的过渡地理环境促成了具有高度生物多样性的研究区。地面海拔从-0.2 m到10 m不等,区域平均值约为1.2 m,数据来自美国国家航空航天局(NASA)。区域起伏相对较小,因为该区域主要由宽而平坦的低地组成。由于地形平坦,地表水流和地下水流容易受到地表高程变化的影响。

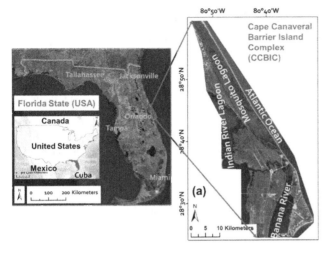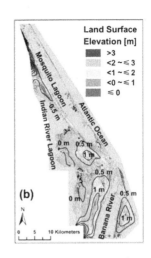

（a）研究区地理位置 （b）研究区地表高程和地下水位高度

图 6-1 研究区概况

6.2.1 水文气象条件

佛罗里达州中东部属于湿润的亚热带地区,气候夏季炎热潮湿,冬天温和干燥,雨季从 5 月到 10 月(Mailander,1990)。平均最低温度 1 月为 10 ℃,8 月为 22 ℃,平均最高温度 1 月为 22 ℃,7 月为 33 ℃。年降水量为 848~2 075 mm,年平均降水量为 1 366 mm(Schmalzer 等,2000)。

该地区的水文特征是动态的地表水和地下水之间的相互作用,大部分地区被认为是低潮区。连接大西洋的入口狭窄和遥远,梅利特岛北端的 Mosquito 潟湖和 Indian River 潟湖通过 Haulover 运河相连。Indian River 潟湖和 Banana River 潟湖由一条人工通航运河连接,运河通过卡纳维拉尔港水闸与大西洋相连。潟湖的水位主要由每年海平面的升降决定,10 月的最高水位接近 0 m。潟湖之间的水流主要由风力驱动。在大多数地方,沿海潟湖底部覆盖着浅层平坦的海草,平均水深 1.5 m。在建造航天发射设施期间,航道水深保持在 4 m,并将几条重要航道疏浚至 9~10 m 深,以方便运输。潟湖的总溶解固体浓度通常为 10 000~45 000 mg/L。

6.2.2 水文地质条件

研究区水文地层单元由上至下依次为地表含水层系统(Surficial Aquifer Systems)、弱透水层系统(Intermediate Confining Unit)、承压含水层系统(Floridan Aquifer System)和隔水层(Lower Confining Unit)。根据 Schmalzer 和 Hinkle (1990)的描述,各水文地层单元的特征如表 6-1 所示。

表 6-1　各水文地层单元的特征情况

Geologic age	Composition		Hydro-stratigraphic unit	Thickness （m）	Lithological character	Water-bearing property
Holocene and Pleistocene	Holocene and Pleistocene deposits		Surficial aquifer system	0~33	Fine to medium sand, sandy coquina and sandy shell marl	Low permeability, yields small quantity of water
Pliocene	Pliocene and upper Miocene deposits		Intermediate confining unit	6~27	Gray sandy shell marl, green clay, fine sand and silty shell	Very low permeability
Miocene	Hawthorn Formation			3~90	Sandy marl, clay, phosphorite, sandy limestone	General low permeability, yields small quantity of water
Eocene	Ocala Group	Crystal River Formation	Floridan aquifer system	0~30	Porous coquina in soft and chalky marine limestone	General very high permeability, yields large quantity of artesian water
		Williston Formation		3~15	Soft granular marine limestone	
		Inglis Formation		>21	Coarse granular limestone	
	Avon Park Formation			>87	Dense chalky limestone and hard, porous, crystalline dolomite	
Paleocene	Cedar Keys Formation		Lower confining unit	—	Interbedded carbonate rocks and evaporites	Very low permeability

　　承压含水层系统(Floridan Aquifer System)是一个大型含水层,一般厚度大于 600 m,大多具有很高的渗透性和透水性。一般而言,承压含水层系统受上覆弱透水层及下覆隔水层所限制。在大多数地方,承压含水层系统的水位高于地表含水层系统的地下水位,导致地下水从承压含水层向上渗透到地表含水层,从而为盐分向上运移创造了通道。然而,由于上覆弱透水层渗透率较低,因此向上渗透量相对较小。由于下覆隔水层渗透率极低,通过隔水层的向下渗透非常小。从承压含水层中泵出的地下水被矿化度较高,这极大地限制了承压含水层地下水的开发利用。

　　地表含水层以上界为地下水位,下界为弱透水层顶部,主要由中-低渗透全新世和更新世细砂、贝壳灰岩、粉砂、贝壳、泥灰岩等沉积物组成。主要补给区位于卡纳维拉尔角岛和东梅里特岛相对较高的沙脊上。地下水位在雨季后期(9~10 月)升至最高点,在旱季后期(3~4月)降至最低点。沿海地区形成的咸水/淡水过渡带的厚度和迁移主要取决于水文地质环境的特征和内陆水位的波动。过渡带可以向陆地移动,也可以向海洋移动,与之相对应的是水位的降低或升高。

6.3 数值模拟方法

6.3.1 模型建立

建立了一个地下水流动和盐分运移参考模型和若干个地下水流动和盐分运移预测模型,以评估飓风珍妮引起的风暴潮和海平面上升对佛罗里达州中东部沿海地区表层含水层海(咸)水入侵的"叠加"效应。

建立了参考模型,模拟了2010年水文地质条件稳定下地表含水层地下水位和盐度的空间变化。该参考模型是根据2006~2014年监测的实地测量地下水水位,以及土地利用和土地覆盖图划分的沼泽/湿地的空间分布来校正的。校准的参考模型是本研究的关键,因为它作为"基础",并在此基础上开发了包含各种海平面上升和降水变化场景的预测模型。地表含水层在地表水和地下水的相互作用中发挥着至关重要的作用,支持沼泽/湿地,并向周围沿海潟湖和大西洋提供地下水排放,地表含水层的盐度对生物多样性生态系统和濒危野生动植物物种的生存极其重要。参考模型的校准是通过修改代表降水和沿海潟湖水位和大西洋水位的边界条件,量化海平面上升和降水量变化的影响,所有其他的水文、水文地质条件从2010年保持不变。

建立预测模型模拟风暴潮发生后同时海平面上升作用下表层含水层TDS浓度的时间变化(模拟时间从风暴潮发生时间到风暴潮发生后20年)。参考模型作为"基础"模型,预测模型基于校准后的参考模型建立。与参考模型相比,时间离散从稳态转向非稳态,表示沿海潟湖和大西洋水位的边界条件从定水头边界转换为随时间变化的变水头边界,而其他模型输入包括空间离散、含水层参数、补给、蒸散、侧向水头和底部无通量水文边界等边界条件保持不变,基于其他水文地质条件不受风暴潮影响的假设。由于风暴潮的短暂性,对受影响地区的地下水位深度和TDS浓度进行快速响应采样是不可行的,因此无法对已建立的预测模型进行校准。

值得注意的是,本研究没有考虑海平面上升、气温和降水变化等其他气候变化因素的影响,也没有考虑天文潮汐的影响。潮汐波动对地下水水位和TDS浓度的影响通常限于非常靠近海岸线的地下水循环区(该区内盐度可能因潮汐活动而变化)(Narayan等,2007;Yang等,2013)。另外,潮汐周期中的潮汐活动对盐水/淡水界面和盐水楔块的波动以及对盐水/淡水过渡带迁移的影响非常小,通常被认为是可以忽略不计的(Werner等,2013;Yang等,2013)。此外,研究区域的潮汐振幅相对较小,仅在毫米范围内,属于微潮汐地区,因为沿海潟湖内的潮汐流动受到特别的阻力(有限的入海口阻塞了进入沿海潟湖的潮汐),且由于河口的规模和浅层性,潮汐能量耗散较大(Bilskie等,2017),因此本研究未考虑天文潮汐的影响。

6.3.2 用户友好型图形界面

数值模型使用的是 SEAWAT 代码,由 Langevin 等开发。用户界面是 Groundwater Vistas,是环境模拟公司(Environmental Simulations, Inc.)开发的一种全世界范围内广泛使用的用户友好型图形界面,用于创建模型输入和输出文件。建立 SEAWAT 数值模型的优点包括:能够实现更精细的垂直离散化,从而能够精确地模拟垂直盐度梯度以及盐水/淡水过渡带的厚度和迁移;计算量少,模型运行时间缩短。建立 SEAWAT 数值模型的缺点是在局部尺度上牺牲了模拟精度,因为部分地区水文地质特征未知。它的缺点是牺牲了模拟盐度在局部尺度上的准确性。根据校准的参考模型,通过修改边界条件,建立了 5 个预报模型,这些边界条件代表了沿海地区的降水和潟湖和大西洋水位,根据所有其他水文和水文地质条件保持不变的假设,可以量化风暴潮对地表含水层海(咸)水入侵的影响。

6.3.3 数值模型

6.3.3.1 **空间和时间离散**

能够有效表示和识别咸水/淡水过渡带和地表地形变化的水平和垂直离散化非常重要。在保证计算机运行时间合理的前提下,考虑提高仿真精度,确定水平和垂直离散度。在水平面上,将模型域离散为 373 行 646 列,x、y 方向网格间距均为 100 m。考虑到变密度条件,为了精确模拟流速和溶质运移,通常需要比等密度条件更精细的垂直离散化(Langevin, 2003)。除第 1 层外,模型域垂直分为 5 层,层厚均为 2 m。第 1 层的顶部高程设置为陆地表面高程,在沿海潟湖和大西洋区域高度为 0 m。地表高程由 NASA 提供的激光雷达 DEM 数据得到,如图 6-1(b)所示。第 1 层的底部标高设置为 −2 m。由于缺乏地层资料,地表含水层底部高程尚不清楚。然而,Schmalzer 等(2000)估计地表含水层的厚度为 10~12 m。因此,第 5 层的底部标高设置为 −10 m。从第 2 层到第 5 层,为使数值模型不稳定性最小化,各层均设置为平面,厚度均为 2 m。因此,第 2 层、第 3 层、第 4 层和第 5 层的模型网格单元体积均为 100 m×100 m×2 m。然而,由于地形的变化,第 1 层中每个模型网格的体积是不同的。

在时间上,预测模型基于气候变化是缓慢的,地下水系统与气候因素处于稳态平衡的假设。为了更好地模拟盐的输运过程,在输运时间步长方面引入了进一步的时间离散化。指定传输时间步长从 0.01 d 开始,增加时间步长乘法器 1.2,最大传输时间步长为 100 d。直到达到稳定状态,程序才会终止。

6.3.3.2 **水文地质参数**

参考模型和预测模型的具体水文地质参数如表 6-2 所示。假定地表含水层由等效多孔介质组成,这意味着地下管道和空腔没有得到明确的模拟。这一假设对于区域尺度数值模型的实施是合适和合理的,尽管模型结果的解释仅限于局部尺度,但是研究区复杂的水文地质条件得到了极大的简化,有利于模型运行(Langevin, 2003)。

表 6-2　水文地质参数

Hydrogeologic Parameters	Value [units]	References
Horizontal Hydraulic Conductivity (K_h)	15 [m/d]	McGurk 和 Presley, 2002
Anisotropy (K_h/K_z)	10 [-]	
Porosity (n)	0.2 [-]	Blandford 等, 1991
Longitudinal Dispersivity (a_L)	6 [m]	Hutchings 等, 2003
Transverse Dispersivity (a_T)	0.01 [m]	
Vertical Dispersivity (a_V)	0.025 [m]	
Diffusion Coefficient (D^*)	0.001 28 [m^2/d]	

6.3.3.3　边界条件

研究区扩展到近海,以模拟海岸潟湖和大西洋与地表含水层之间的相互作用,边界效应最小。将补给边界和蒸散边界分配在第 1 层的顶部,代表补给地表含水层的渗透雨水和由蒸发和蒸腾造成的地下水损失。由于没有模拟承压含水层向地表含水层向上的地下水渗流,因此底板设置为定水头边界。用定水头定浓度边界和一般水头边界表示侧向边界。抽水井边界设置为井边界。

1.定水头定浓度边界

指定的水头和浓度边界指定给代表沿海潟湖和大西洋的模型网格。在大多数地方,沿海潟湖仅位于第 1 层,因为深度很浅。然而,大西洋深度较深,存在一个或多个层(取决于海底的深度)。由于缺乏监测数据,假定海岸潟湖和大西洋的 TDS 浓度是一样的。作为参考模型,水位和 TDS 的浓度分别设置为 0 m 和 35 kg/m^3(Sharqawy 等, 2010)。第 1 层的边界条件的水平视图如图 6-2(a)所示。

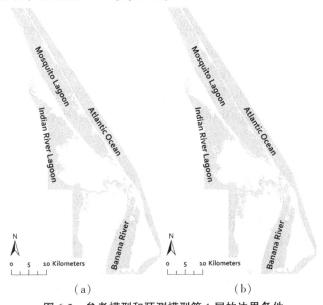

图 6-2　参考模型和预测模型第 1 层的边界条件

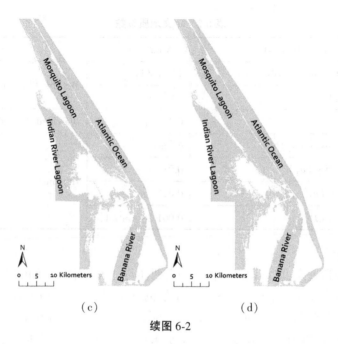

（c）　　　　　　　　　　　（d）

续图 6-2

预测模型沿海潟湖和大西洋的水位基于海平面上升的情况，TDS 浓度指定为 35 kg/m³。由于海平面上升的存在，进一步的内陆海岸线侵蚀是不可避免的。新海岸线是通过将陆地表面高程与新海平面进行比较来估算的，海拔低于新海平面的沿海低地被认为是新沿海潟湖或海。

2.补给边界

设置补给边界，表示渗透雨水日平均补给量的空间变化。平均日补给率由 2006～2014 年的平均日降水量和补给/降水（R/P）比值给出，主要取决于土壤类型、土地利用和土地覆盖（Cherkauer 和 Ansari，2005；Dawes 等，2012）。St. Johns River Water Management District 提供的土地利用和土地覆盖图如图 6-3（a）所示。城市地区和沼泽/湿地的 R/P 比值为 0（前者的土地覆盖由不透水混凝土组成，后者的饱和土壤均会阻碍雨水的渗入），森林、山地（非林地和农田）的 R/P 比值分别为 0.87、0.96 和 0.87（Brauman 等，2012），平均日补给量的空间变化如图 6-3（b）所示。对于预测模型，假设补给率随降水的增加/减少成比例增加/减少。因此，与情形 0 相比，情形 1 和情形 5 的补给率分别为增加 17% 和减少 7%。

3.蒸散型边界

以蒸散边界表示日平均蒸散量的空间变化。模型输入为平均日潜在蒸散发（PET）和植被蒸腾削减深度（ED），平均日蒸散发由基于日潜在蒸散发（PET）和植被蒸腾削减深度（ED）和模拟地下水位深度来计算。平均每日潜在蒸散发由美国地质调查局（U.S. Geological Survey）数据库给出，森林、山地（非林地和农田）的植被蒸腾削减深度（ED）值分别为 2.5 m、1.45 m 和 2 m（Shah，2007）。

与参考模型相比，由于海平面在风暴潮期间是变化的，代表海岸潟湖和大西洋水位的恒定水头边界被随时间变化的变水头边界所代替［见图 6-2（b）、（c）、（d）］。在假定其他

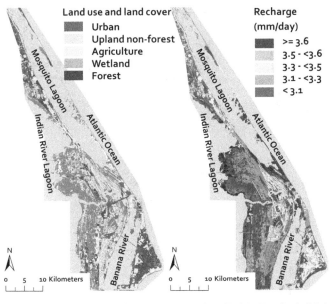

（a）土地利用和土地覆盖图　　　（b）平均日补给量的空间变化图

图 6-3　参考模型和预测模型第 1 层的边界条件

水文气候/水文条件不变的前提下,所有其他边界条件与参考模型完全相同。

6.3.3.4　初始条件

对于稳态模型,不需要指定每个模型网格符合指定的含水层性质和边界条件的初始水位和 TDS 浓度。简而言之,稳态模型不需要精确的初始水头和 TDS 浓度。但是,为了避免数值模型出现不稳定情况,需要在运行前进行合理的估计。因此,根据水文地质条件和观测数据,对每个活动模型网格的初始水位和 TDS 浓度进行了初步估计。

6.4　结果与讨论

与第 2、3、4 和 5 层相比,第 1 层的水质更容易受风暴潮和海平面上升影响下海(咸)水入侵的作用。因此,第 1 层的 TDS 浓度被认为是具有代表性的,需要进行进一步的分析。根据各 SEAWAT 模型的输出结果,分别计算了海平面上升作用下咸水地下水带占地下水总体的百分数的时空变化、风暴潮作用下咸水地下水带占地下水总体的百分数的时空变化,以及海平面上升和风暴潮耦合作用下咸水地下水带占地下水总体的百分数的时空变化,如图 6-4 所示。值得注意的是,绿色、橙色、红色、黑色的实心曲线分别代表低、中、高、风暴潮作用下第 1 层咸水地下水带占地下水总体的百分比的时空变化;绿色、橙色、红色的虚曲线分别代表了风暴潮与低海平面上升、风暴潮与中海平面上升、风暴潮与高海平面上升"叠加"作用下,第 1 层咸水带占地下水总体的百分数的时空变化。

从图 6-4 可以观察到从 2004 年到 2024 年:

(1)由飓风引起的风暴潮对海(咸)水入侵地表含水层的影响在初始阶段(从 2004 年到 2005 年)增长迅速,后逐渐降低。

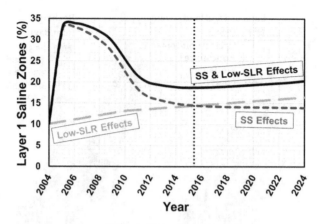

（a）风暴潮与低海平面上升影响

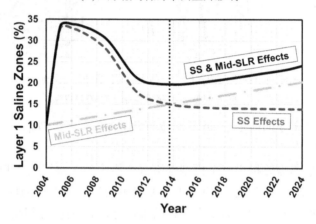

（b）风暴潮与中海平面上升影响

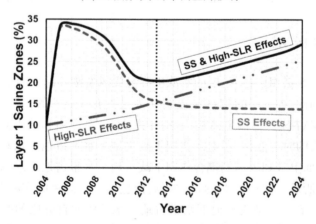

（c）风暴潮与高海平面上升影响

图 6-4　第 1 层咸水带占地下水总体的百分比的时空变化

（2）2004～2024 年,低、中、高海平面上升对海(咸)水入侵地表含水层的影响逐渐增加,增长速率较慢。

（3）2004～2024 年,风暴潮与低、中、高海平面上升对海(咸)水入侵地表含水层的叠加影响先快速增加,然后降低,后继续增加。

从常见的水文角度来看,这是可以理解的,因为风暴潮的影响在短期内是非常显著的,但是风暴潮的影响是可逆的,因为风暴潮的过程很短暂而降雨入渗会稀释和冲洗渗入的咸水;然而海平面上升的效果在长期来看是显著的,而且是不可逆转的,因为海平面上升会造成永久的海水淹没沿海低地。

从图6-4可以看出,如果海平面以低、中、高速率上升,3级飓风引起的风暴潮的影响在其发生后的12年、10年或9年内要比海平面上升的影响更为显著。佛罗里达州中东部沿海地区3级或更高的飓风的重现期为8~12年(Keim等,2007),如果飓风和风暴潮在重现期至少发生一次,那么风暴潮的影响将会比海平面上升的效果更显著。当然,低强度热带风暴袭击佛罗里达大西洋海岸也是值得考虑的,低强度热带风暴对地表含水层海(咸)水入侵的影响程度虽然不及3级以上飓风,然而由于其经常发生,其影响程度不容小觑。由于风暴潮的短暂性,缺乏对海平面高度变化的快速响应实时监测,因此本研究没有考虑低强度热带风暴和强飓风叠加的影响。由图6-5可以看出,3级飓风引起的风暴潮的影响对第1层咸水带占地下水总体的百分数最高可达32.98%。通过插值绿色、橙色和红色曲线,低、中、高海平面上升使第1层咸水带占地下水总体的百分数达到32.98%需要95年、45年和28年。因此3级飓风引起的风暴潮对地表含水层海(咸)水入侵被认为等价于95年低海平面上升的影响,45年中海平面上升的影响,28年高海平面上升的影响,或以其他速率上升0.3 m的影响。本项研究引入"等效效应"的概念,旨在更直接的和生动地解释风暴潮对地表含水层海(咸)水入侵影响,以及海平面上升和风暴潮叠加对地表含水层海(咸)水入侵的耦合影响。其耦合影响是全球公认的有害的问题,需要引起广泛关注。

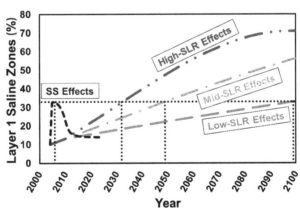

图6-5　海平面上升和风暴潮叠加对地表含水层海(咸)水入侵的耦合影响

6.5　结　论

在这项研究中,定量研究了3级飓风(2004年9月中下旬袭击佛罗里达大西洋和墨西哥湾海岸的飓风珍妮)引起的风暴潮和海平面上升驱动下美国佛罗里达州中东部沿海地区海(咸)水入侵地表含水层的程度,定量比较了3级飓风造成的海(咸)水入侵程度还是海平面上升造成的海(咸)水入侵程度更为显著。结果表明:

(1)如果海平面以低、中、高速率上升,在风暴潮发生后的12年、10年、9年内,风暴潮的影响比海平面上升的影响更显著。

(2)如果风暴潮在重现期内至少发生一次(8~12年),风暴潮的影响大于海平面上升的影响。

(3)海平面以低、中、高速率上升0.3 m时,风暴潮的最大效应与95年、45年、28年海平面上升的效应"等效"。

这项研究的结果警告公众一定要更加关注海平面上升和风暴潮对地表含水层海(咸)水入侵的耦合影响,并敦促政府立即采取措施,如建设、加强、提高和维护海堤防止海(咸)水入侵美国佛罗里达州中东部沿海地区地表含水层。

参 考 文 献

[1] Bear J, Cheng A, Sorek S, Ouazar D, Herrera I (1999) Seawater Intrusion in Coastal Aquifers: Concepts, Methods and Practices (Theory and Applications of Transport in Porous Media). Springer, Dordrecht.

[2] Bilskie M V, Hagen S C, Medeiros S C, Passeri D L (2014) Dynamics of sea level rise and coastal flooding on a changing landscape. Geophysical Research Letters 41 (3): 927-934. https://doi.org/10.1002/2013GL058759.

[3] Blandford T N, Birdie T, Robertson J B (1991) Regional groundwater flow modeling for east-central Florida with emphasis on eastern and central Orange County, St. Johns River Water Management District Special Publication SJ91-SP4.

[4] Chui T F M, Terry J P (2013) Influence of sea-level rise on freshwater lenses of different atoll island sizes and lens resilience to storm-induced salinization. Journal of Hydrology 502: 18-26 https://doi.org/10.1016/j.jhydrol.2013.08.013.

[5] Colombani N, Osti A, Volta G, Mastrocicco M (2016) Impact of climate change on salinization of coastal water resources. Water Resources Management 30: 2483-2496. https://doi.org/10.1007/s11269-016-1292-z.

[6] Foster T E, Stolen E D, Hall C R, Schaub R, Duncan B W, Hunt D K, Drese J H (2017) Modeling vegetation community responses to sea-level rise on Barrier Island systems: A case study on the Cape Canaveral Barrier Island Complex, Florida, USA. PLoS ONE 12(8):e0182605.

[7] Hall C R, Schmalzer P A, Breininger D R, Duncan B W, Drese J H, Scheidt D A, et al. (2014) Ecological impacts of the space Shuttle Program at John F. Kennedy Space Center, Florida. NASA/TM-2014-216639, NASA, Washington DC.

[8] Horton R, Rosenzweig C (2010) Climate risk information, climate change adaptation in New York City: building a risk management response. New York Academy of Sciences, New York.

[9] Hutchings W C, Tarbox D L, HSA Engineers (2003) A model of seawater intrusion in surficial and confined aquifers of northeast Florida. 2nd International Conference on saltwater intrusion and coastal aquifers-monitoring, modeling, and management.

[10] Keim B D, Muller R A (2007) Spatiotemporal patterns and return periods of tropical storm and hurricane strikes from Texas to Maine. Journal of Climate 20:3498-3509.

[11] Langevin C D (2003) Simulation of submarine groundwater discharge to a marine estuary: Biscayne Bay, Florida. Groundwater 41(6):758-771.

[12] Mahmoodzadeh D, Karamouz M (2017) Influence of Coastal Flooding on Seawater Intrusion in Coastal Aquifers. World Environmental and Water Resources Congress 2017.

[13] Mailander J L (1990) Climate of the Kennedy Space Center and vicinity. NASA Tech. Memo. 103498, NASA, Washington DC.

[14] McGurk B, Presley P F (2002) Simulation of the effects of groundwater withdrawals on the Floridan aquifer System in east-central Florida: Model expansion and revision. St. Johns River Water Management District Technical Publication, SJ2002-5.

[15] Miller J A (1986) Hydrogeologic framework of the Floridan aquifer system in Florida and in parts of Georgia, Alabama, and South Carolina. U.S. Geological Survey Professional Paper 1403-B.

[16] Oude Essink G H P, Van Baaren E S, De Louw P G B (2010) Effects of climate change on coastal groundwater systems: a modeling study in the Netherlands. Water Resources Research 46 (10): 5613-5618.

[17] Passeri D L, Hagen S C, Bilskie M V, Medeiros S C (2015a) On the significance of incorporating shoreline changes for evaluating coastal hydrodynamics under sea level rise scenarios. Natural Hazards 75(2): 1599-1617. https://doi.org/10.1007/s11069-014-1386-y.

[18] Passeri D L, Hagen S C, Medeiros S C, Bilskie M V, Alizad K, Wang D (2015b) The dynamic effects of sea level rise on low-gradient coastal landscapes: A review. Earth's Future 3(6):159-181. https://doi.org/10.1002/2015EF000298.

[19] Rasmussen P, Sonnenborg T O, Goncear G, Hinsby K (2013) Assessing impacts of climate change, sea level rise, and drainage canals on saltwater intrusion on coastal aquifer. Hydrology and Earth System Sciences 17:421-443. https://doi.org/10.5194/hess-17-421-2013.

[20] Romanazzi A, Gentile F, Polemio M (2015) Modelling and management of a Mediterranean karstic coastal aquifer under the effects of seawater intrusion and climate change. Environmental Earth Sciences 74 (1):115-128. https://doi.org/10.1007/s12665-015-4423-6.

[21] Rosenzweig C, Horton R M, Bader D A, Brown M E, De Young R, Dominguez O, et al. (2014) Enhancing climate resilience at NASA centers: a collaboration between science and stewardship. Bulletin of the American Meteorological Society 95(9):1351-1363. https://doi.org/10.1175/BAMS-D-12-00169.1.

[22] Schmalzer P A, Hinkle G R (1990) Geology, geohydrology and soils of Kennedy Space Center: a review. NASA Tech. Memo. 103813, NASA, Washington DC.

[23] Schmalzer P A, Hensley M A, Mota M, Hall C R, Dunleavy C A (2000) Soil, groundwater, surface water, and sediments of Kennedy Space Center, Florida: background chemical and physical characteristics. NASA/Technical Memorandum-2000-208583, NASA.

[24] Steyer G D, Perez B C, Piazza S C, Suir G (2007) Potential consequences of saltwater intrusion associated with Hurricanes Katrina and Rita: Chapter 6C in Science and the storms-the USGS response to the hurricanes of 2005. Circular 1306-6C.

[25] Sulzbacher H, Wiederhold H, Siemon B, Grinat M, Igel J, Burschil T, et al. (2012) Numerical modelling of climate change impacts on freshwater lenses on the North Sea Island of Borkum using hydrological and geophysical methods. Hydrology and Earth System Sciences 16:3621-3643. https://doi.org/10.5194/

hess-16-3621-2012.

[26] Werner A D, Bakker M, Post V E A, Vandenbohede A, Lu C, Ataie-Ashtiani B, et al. (2013) Seawater intrusion processes, investigation and management: Recent advances and future challenges. Advances in Water Resources 51:3-26. https://doi.org/10.1016/j.advwatres.2012.03.004.

[27] Williams L J, Kuniansky E L (2016) Revised hydrogeologic framework of the Floridan aquifer system in Florida and parts of Georgia, Alabama, and South Carolina (ver. 1.1, March 2016): U.S. Geological Survey Professional Paper 1807.

[28] Xiao H, Wang D, Hagen S C, Medeiros S C, Hall C R (2016) Assessing the impacts of sea-level rise and precipitation change on the surficial aquifer in the low-lying coastal alluvial plains and barrier islands, east-central Florida (USA). Hydrogeology Journal 24(7):1791-1806. https://doi.org/10.1007/s10040-016-1437-4.

[29] Xiao H, Wang D, Medeiros S C, Bilskie M V, Hagen S C, Hall C R (2019) Exploration of the effects of storm surge on the extent of saltwater intrusion into the surficial aquifer in coastal east-central Florida (USA). Science of the Total Environment 648:1002-1017. https://doi.org/10.1016/j.scitotenv.2018.08.199.

[30] Yang J, Graf T, Herold M, Ptak T (2013) Modelling the effects of tides and storm surges on coastal aquifers using a coupled surface-subsurface approach. Journal of Contaminant Hydrology 149:61-75. https://doi.org/10.1016/j.jconhyd.2013.03.002.

[31] Yang J, Graf T, Ptak T (2015) Sea level rise and storm surge effects in a coastal heterogeneous aquifer: a 2D modelling study in northern Germany. Grundwasser 20:39-51. https://doi.org/10.1007/s00767-014-0279-z.

第7章 评估海平面上升对佛罗里达州中东部沿海一个典型地区海(咸)水入侵的影响

海(咸)水入侵沿海低洼地区的植物根系土壤,影响各种植被物种的生存和空间分布,改变植物群落。本研究以地下水建模和数值模拟为基础,建立 FEMWATER 数值模型,模拟 2010 年美国佛罗里达州中东部沿海典型区域植物根系土壤盐度的变化。在已建立和校准的模型的基础上,根据 2080 年预测的各种海平面上升情景,通过修改代表海平面上升的边界值,建立了三个 FEMWATER 模型来预测海(咸)水入侵进入根区的程度。仿真结果表明,如果海平面上升的程度较低(23.4 cm)或中等(59.0 cm),海平面上升对海(咸)水入侵的影响不显著;但如果海平面上升的程度较高(119.5 cm),海平面上升对海(咸)水入侵的影响非常显著;在高海平面上升(119.5 cm)背景下,海平面上升的波浪可以达到并越过海堤波峰,海堤可能无法阻止海水淹没内陆低洼地区。

7.1 研究内容简介

沿海含水层水质对人类发展至关重要,因为超过 50% 的世界人口生活在距海岸线60 km 以内(Newmann 等, 2015)。然而,在许多沿海地区,海水入侵造成的沿海地下水污染情况严重,并被认为是影响沿海地区淡水供应、生态系统和经济的有害问题(Barlow 和Reichard, 2010)。海(咸)水入侵的发生取决于沿海水文地质、水文气象(如海平面和降水量)以及人为活动(如地下水抽取和土地利用变化)(Bear 等, 1999)。近年来,海平面上升被认为是引起海(咸)水入侵的主要因素之一(Chang 等, 2011;Rasmussen 等, 2013;Werner 和 Simmons, 2009)。随着海平面上升的增加,海(咸)水入侵的范围和强度将进一步增加。这可能会导致土地盐碱化、地下水水质恶化、供水井关闭或搬迁、生态系统退化等环境问题(Alizad 等, 2016;Bilskie 等, 2016;Hovenga 等, 2016;Huang 等, 2015;Ketabchi 等, 2016;Kidwell 等, 2017;Passeri 等, 2015a、b、c)。

淡水和咸水地下水区之间形成了咸水/淡水过渡,过渡区的密度和盐浓度随当地水文地质条件而在空间和时间上发生变化(Bear, 1979)。过渡带的迁移可以用数值模型来模拟。通过对气候变化和人类发展下过渡带的迁移进行建模,利用这些模型估算了海(咸)水入侵的程度(Datta 等, 2009;Hussain 和 Javadi, 2016;Kim 等, 2012;Langevin,2003;Lin 等, 2009;Mzila 和 Shuy, 2003;Qahman 和 Larabi 2006;Sanford 和 Pope, 2010;Xiao 等, 2016;Yu 等, 2016)。例如,Xiao 等(2016)建立了 SEAWAT 模型研究佛罗里达州中东部沿海地区表层含水层的盐度分布,评估海平面上升和气候变化对表层含水层海(咸)水入侵的影响。但是,需要注意的是,SEAWAT 可以模拟海(咸)水入侵进入饱和区(地下水位以下的非承压/承压含水层)的程度,而不能模拟海(咸)水入侵进入非饱和区(地下水位以上的渗流区)的程度。

佛罗里达州中东部沿海受地下水位动态影响的土壤根系盐度对各种植被物种的生存以及植物群落和生境的分布至关重要(Box 等, 1993;Foster 等, 2017;Saha 等, 2011;Saha 等, 2015)。土壤根系盐度水平可以很好地表征盐对植被的暴露程度的影响。盐度的增加会导致严重的后果,如植被物种的枯死,由耐盐性较差的植被种群转变为耐盐性较强的植被种群,以及生物量产量的减少等(Hall 等, 2014;Schmalzer 等, 1995;Steyer 等, 2007)。因此,量化海平面上升影响下土壤根系盐度的空间和时间变化,模拟变密度条件下非饱和区土壤根系盐度,很有必要。

在本研究中,我们提出了两个研究问题:

(1)佛罗里达州中东部沿海地区的土壤根系盐度如何,目前的盐水/淡水过渡带在哪里?

(2)在不同的海平面上升情景下,土壤根系盐度和盐水/淡水过渡带位置的时空变化将如何改变?

为了回答这些问题,开发和校准了三维有限元变密度 FEMWATER 模型。本研究的结果有助于正在进行的以预测植被群落对气候变化的响应为重点的研究,并可以在研究区和其他地势较低的沿海冲积平原和障壁岛系统中作为气候变化适应规划和决策的有效工具而使用。

7.2 研究区描述

7.2.1 简述

研究区是位于佛罗里达州中东部的卡纳维拉尔角梅里特岛的某典型地区,它由多个屏障岛、咸水潟湖和大西洋近海组成。研究区占地约 0.45 km²,东面为 Banana River 潟湖,西面为 Indiana River 潟湖(见图 7-1)。加勒比海地区独特的过渡地理环境促成了具有高度生物多样性的研究区。地面海拔从-0.2 m 到 10 m 不等,区域平均值约为 1.2 m,数据来自美国国家航空航天局(NASA)。区域起伏相对较小,因为该区域主要由宽而平坦的低地组成。由于地形平坦,地表水流和地下水流容易受到地表高程变化的影响。

7.2.2 水文气象条件

佛罗里达州中东部属于湿润的亚热带地区,气候夏季炎热潮湿,冬天温和干燥,雨季从 5 月到 10 月,旱季在 11 月(Mailander, 1990)。平均最低温度 1 月为 10 ℃,8 月为 22 ℃,平均最高温度 1 月为 22 ℃,7 月为 33 ℃。年降雨量为 848~2 075 mm,年平均降雨量为 1 366 mm(Schmalzer 等, 2000)。

该地区的水文特征是动态的地表水和地下水之间的相互作用,大部分地区被认为是低潮区。连接大西洋的入口狭窄和遥远,梅利特岛北端的 Mosquito 潟湖和 Indian River 潟湖通过 Haulover 运河相连。Indian River 潟湖和 Banana River 潟湖由一条人工通航运河连接,运河通过卡纳维拉尔港水闸与大西洋相连。潟湖的水位主要由每年海平面的升降决定,10 月的最高水位接近 0 m。潟湖之间的水流主要由风力驱动。在大多数地方,沿海潟

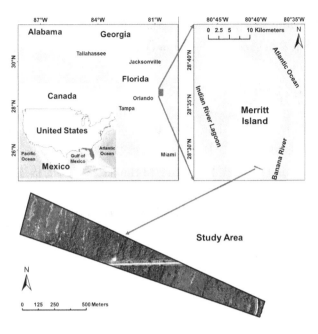

（a）研究区地理位置

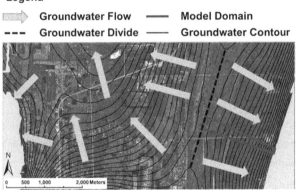

（b）研究区的水文条件

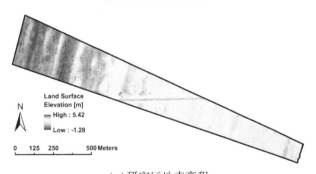

（c）研究区地表高程

图 7-1　研究区概况

湖底部覆盖着浅层平坦的海草,平均水深1.5 m。在建造航天发射设施期间,航道水深保持在4 m,并将几条重要航道疏浚至9~10 m深,以方便运输。潟湖的总溶解固体浓度通常为10 000~45 000 mg/L。

7.2.3 水文地质条件

研究区水文地层单元由上至下依次为地表含水层系统(Surficial Aquifer Systems)、弱透水层系统(Intermediate Confining Unit)、承压含水层系统(Floridan Aquifer System)和隔水层(Lower Confining Unit)。根据Schmalzer和Hinkle(1990)的描述,各水文地层单元的特征如表7-1所示。

表7-1 各水文地层单元的特征情况

Geologic age	Composition		Hydro-stratigraphic unit	Thickness (m)	Lithological character	Water-bearing property
Holocene and Pleistocene	Holocene and Pleistocene deposits		Surficial aquifer system	0~33	Fine to medium sand, sandy coquina and sandy shell marl	Low permeability, yields small quantity of water
Pliocene	Pliocene and upper Miocene deposits		Intermediate confining unit	6~27	Gray sandy shell marl, green clay, fine sand and silty shell	Very low permeability
Miocene	Hawthorn Formation			3~90	Sandy marl, clay, phosphorite, sandy limestone	General low permeability, yields small quantity of water
Eocene	Ocala Group	Crystal River Formation	Floridan aquifer system	0~30	Porous coquina in soft and chalky marine limestone	General very high permeability, yields large quantity of artesian water
		Williston Formation		3~15	Soft granular marine limestone	
		Inglis Formation		>21	Coarse granular limestone	
	Avon Park Formation			>87	Dense chalky limestone and hard, porous, crystalline dolomite	
Paleocene	Cedar Keys Formation		Lower confining unit	—	Interbedded carbonate rocks and evaporites	Very low permeability

承压含水层系统(Floridan Aquifer System)是一个大型含水层,一般厚度大于600 m,大多具有很高的渗透性和透水性。一般而言,承压含水层系统受上覆弱透水层及下覆隔

水层所限制。在大多数地方，承压含水层系统的水位高于地表含水层系统的地下水位，导致地下水从承压含水层向上渗透到地表含水层，从而为盐分向上运移创造了通道。然而，由于上覆弱透水层渗透率较低，因此向上渗透量相对较小。由于下覆隔水层渗透率极低，通过隔水层的向下渗透非常小。从承压含水层中泵出的地下水被矿化度较高，这极大地限制了承压含水层地下水的开发利用。

地表含水层上界为地下水位，下界为弱透水层顶部，主要由中-低渗透全新世和更新世细砂、贝壳灰岩、粉砂、贝壳、泥灰岩等沉积物组成。主要补给区位于卡纳维拉尔角岛和东梅里特岛相对较高的沙脊上。地下水位在雨季后期（9~10月）升至最高点，在旱季后期（3~4月）降至最低点。沿海地区形成的咸水/淡水过渡带的厚度和迁移主要取决于水文地质环境的特征和内陆水位的波动。过渡带可以向陆地移动，也可以向海洋移动，与之相对应的是水位的降低或升高。

7.2.4　海平面上升预测情景

与2010年相比，低、中、高融雪预测的海平面上升情景分别为13.2 cm、31.0 cm和58.5 cm。由哥伦比亚大学地球研究所气候系统研究中心的 Radley Horton 和 Daniel Bader 提供的数据，是 NASA 气候适应科学调查项目的一部分，他们利用这些数据对2050年的情况进行了预测（Rosenzweig 等，2014）。根据这些预测，提出了五种海平面上升预测情况（情况1~5，见表7-2）。

表7-2　五种海平面上升预测情况

Year	Case	SLR（cm）	Precipitation
2010	0	0	0
2050	1	13.2	+17%
	2	13.2	0
	3	31.0	0
	4	58.5	0
	5	58.5	−7%

7.3　数值模拟方法

7.3.1　模型建立

如上所述，本研究建立了一个参考模型和三个预测模型。参考模型模拟2010年土壤植物根系盐分的时空变化，三个预测模型是通过修改参考模型的边界条件来表征各种海平面上升情景，假设：2010~2080年降水和蒸散保持不变；Banana River 沿海潟湖的水位与大西洋海平面上升同时上升，幅度相同；由于资料的缺乏，忽略了天文潮汐的影响和风暴潮的影响。在这些假设的基础上，将参考模型和预测模型简化为关注海平面上升对海

(咸)水入侵进入土壤植物根系的影响。

水文地质参数如水力传导系数、孔隙度、分散度等如表 7-3 所示。对于非饱和区,根据土壤类型估算土壤性质,表 7-4 总结了淡水/海水密度、黏度、浓度依赖系数等流体特性。

表 7-3 水文地质参数

Parameters	Value	Reference
Horizontal hydraulic conductivity	15 [m/d]	
Vertical hydraulic conductivity	0.15 [m/d]	
Porosity	0.43 [−]	
Soil bulk density	1 600 [kg/m^3]	Xiao 等, 2016
Longitudinal dispersivity	6 [m]	
Transverse dispersivity	0.025 [m]	
Molecular diffusion coefficient	0.001 28 [m^2/d]	

表 7-4 流体特性参数

Parameters	Value (25 ℃)	Reference
Freshwater density	998 [kg/m^3]	
Seawater density	1 025 [kg/m^3]	
Freshwater viscosity	0.000 9 [kg/(m · s)]	
Seawater viscosity	0.000 925 [kg/(m · s)]	
Concentration dependence coefficient a_1	1 [m^3/kg]	
Concentration dependence coefficient a_2	0.000 738 51 [m^3/kg]	
Concentration dependence coefficient a_3	0.000 000 205 4 [m^3/kg]	Sharqawy 等, 2010
Concentration dependence coefficient a_4	0	
Concentration dependence coefficient a_5	0.009 6 [m^3/kg]	
Concentration dependence coefficient a_6	0.002 [m^3/kg]	
Concentration dependence coefficient a_7	−0.000 000 284 09 [m^3/kg]	
Concentration dependence coefficient a_8	0.000 000 170 45 [m^3/kg]	

7.3.2 用户友好型图形界面

数值模型使用的是三维有限元变密度 FEMWATER 代码,由 Lin 等(1997)开发。用户界面是 Groundwater Modeling Systems(GMS),是由 AQUAVEO 公司开发的一种全世界范围内广泛使用的用户友好型图形界面,用于创建模型输入和输出文件。

7.3.3 空间和时间离散

7.3.3.1 空间离散

网格设计的准则是：

（1）显示地表的地形变化。

（2）表示淡水/盐水过渡带。

（3）在保持合理的计算机仿真时间的同时，最大限度地提高仿真精度。

在水平方向上，二维非结构有限元网格由 932 个节点和 1 674 个三角形单元组成，如图 7-2 所示。为了提高仿真精度，特别是在沿海地区，区域（1）、（2）、（3）、（4）的平均间距分别为 40 m、30 m、20 m 和 10 m。垂直方向将模型域划分为 13 层，如图 7-2 所示。第 1 层的顶部高程设置为激光雷达数据导出的地表高程，第 13 层的底部高程设置为地表高程以下 10 m，因为地表含水层厚度约为 10 m。1~9 层厚度均为 0.33 m。10~13 层的厚度分别为 1.0 m、1.5 m、2.0 m、2.5 m。为了提高建模精度，避免数值输出产生振荡，对非饱和区采用比饱和区更细的网格进行垂直离散。三维网格由 13 048 个节点和 21 762 个单元组成。虽然网格越细（平均间距越小），仿真精度可进一步提高，但是根据说明书的规定，执行 FEMWATER 时节点和单元的数量要求不大于 25 578 和 22 080（Lin 等，1997）。

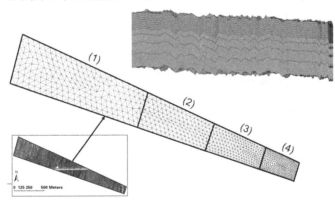

图 7-2　网格设计

7.3.3.2 时间离散

将 12 个月的模拟期划分为 12 个应力期，模拟盐度分布的每月变化情况。在每个应力期内，以时间步长形式引入进一步的时间离散化，该时间步长指定从 0.1 d 开始，并以 1.1 倍的倍数递增。

7.3.4 边界条件

参考模型和预测模型的边界条件包括狄利克雷边界、无通量边界和变通量边界。狄利克雷边界被分配到外侧边界代表东南海岸线的沿海潟湖（见图 7-3 中的红线）。对于预测模型，TDS 浓度保持不变，但根据预测到 2080 年的海平面上升情况对边界条件进行了修改。值得注意的是，狄利克雷边界的位置随着海平面上升而不断变化，因为伴随着海平面上升，沿海低洼地区的海岸侵蚀和海水漫溢是不可避免的。除底部边界外，所有其他侧边界均设置无通量边界(见图7-3中的黑线)。将变通量边界分配到模型域的顶部,表示降水和蒸散通量。Banana River 的月平均水位和 TDS 浓度见图7-4。2010 年的月平均降水量和蒸散发通量分别由 St. Johns River Water Management District 的雨量计和美国地质调查局的数据采集站点获得(见图7-5)。

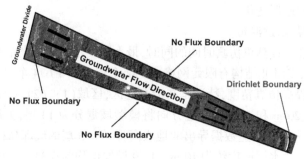

图7-3　边界条件

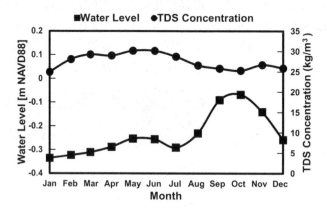

图7-4　Banana River 的月平均水位和 TDS 浓度

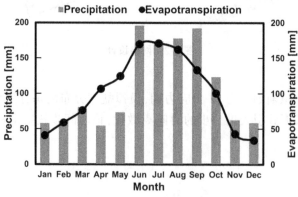

图7-5　月平均降雨量和蒸发量

7.3.5　模型校准

由于研究现场缺乏地下水监测井,无法获得观测到的地下水数据(如地下水位、TDS浓度)。所以,只能将 FEMWATER 模型的模拟水头与已开发和校准的 SEAWAT 模型

(Xiao 等, 2016)的模拟水头进行校准。在开始校准程序之前,将 FEMWATER 模型中模拟的月平均水头转换为年平均水头。24 个校准目标的位置如图 7-6 所示。

在模型校准过程中进行了敏感性分析。分析发现,垂直水力传导系数是影响模拟结果的主导因素,数值的微小变化可以改变模拟结果。模拟结果对其他水文地质参数如水平水力传导系数、孔隙度和分散度不敏感。因此,为了使 FEMWATER 模型的模拟水头与 SEAWAT 模型的模拟水头之间的差异最小,对垂向水力传导系数值进行迭代调整,直到得到满意的结果。

校准后,获得 Nash-Sutcliffe 模型效率系数为 0.99,表明 FEMWATER 模型模拟的水头与 SEAWAT 模型之间存在较强的相关性。水平和垂直水力传导系数分别标定为 6 m/d 和 0.022 m/d。

注意,FEMWATER 模型仅根据 SEAWAT 的模拟水头进行校准,而没有根据 SEAWAT 模拟的 TDS 浓度进行校准。

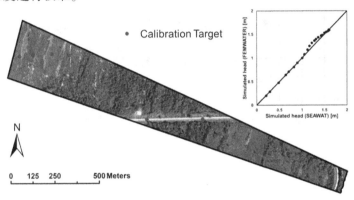

图 7-6　FEMWATER 模型校准

7.4　模型结果

7.4.1　2010 年植被根系土壤盐度

距海岸线 10 m、20 m、30 m、40 m 远的 4 个点植被根系土壤盐度月际变化如图 7-7 所示。由图 7-7 可以看出:

(1)盐度在 6 月最高,10 月最低。

(2)盐度从 7~10 月下降,从 11 月到翌年 6 月上升。

因此,从图 7-7 中可以看出:

(1)植被根系土壤盐度在雨季降低,因为充足的渗透雨水可以稀释盐水(6~10 月的降雨量占全年总降雨量的 70%以上)。

(2)植被根系土壤盐度在旱季(从 11 月到翌年 5 月)上升,因为渗透雨水不足,不能作为有效的淡水水力屏障。

(3)6 月、10 月植被根系土壤盐度为年最大值和年最小值。

2010年6月和10月植被根系土壤盐度空间变化如图7-8、图7-9所示。根据National Ground Water Association(NGWA)的定义,TDS浓度小于1 000 mg/L被定义为是淡水,TDS浓度为1 000~3 000 mg/L被定义为微咸水,TDS浓度为3 000~10 000 mg/L被定义为咸水,TDS浓度为10 000~50 000 mg/L被定义为盐水,海水的TDS浓度为35 000 mg/L。从图7-8、图7-9可以看出,植被根系土壤有一小部分(1.05%)的盐度高于1 000 mg/L。

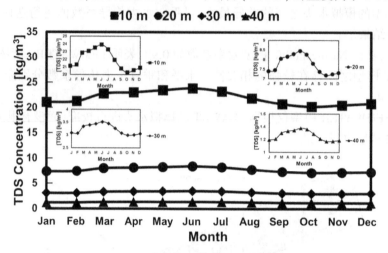

图7-7 距海岸线10 m、20 m、30 m、40 m远的4个点植被根系土壤盐度月际变化

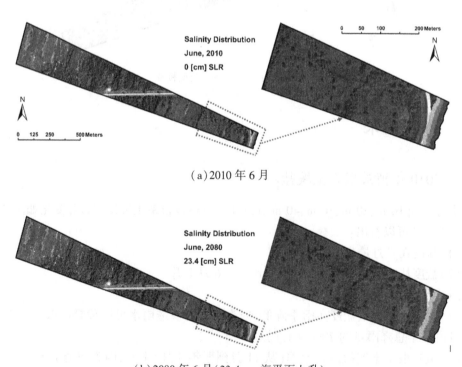

(a)2010年6月

(b)2080年6月(23.4 cm海平面上升)

图7-8 植被根系土壤盐度

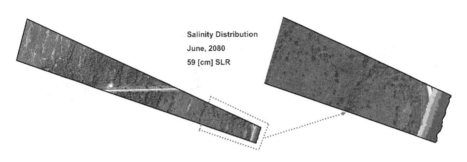

（c）2080 年 6 月（59.0 cm 海平面上升）

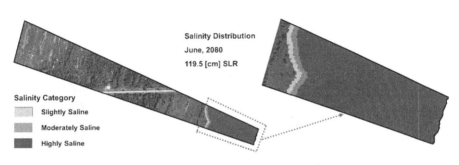

（d）2080 年 6 月（119.5 cm 海平面上升）

续图 7-8

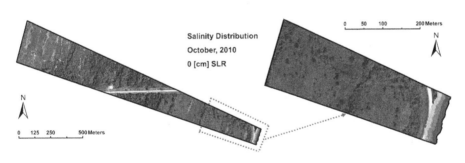

（a）2010 年 10 月

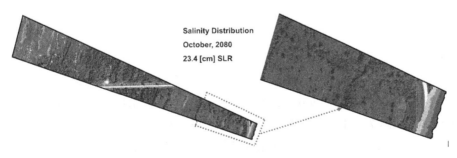

（b）2080 年 10 月（23.4 cm 海平面上升）

图 7-9　植被根系土壤盐度

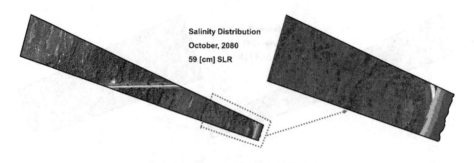

（c）2080 年 10 月（59.0 cm 海平面上升）

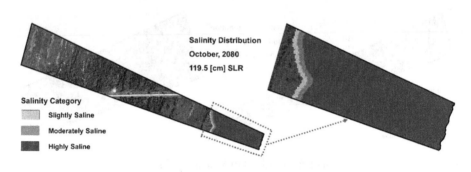

（d）2080 年 10 月（119.5 cm 海平面上升）

续图 7-9

7.4.2　2080 年植被根系土壤盐度

预测到 2080 年 6 月，低海平面上升情景（23.4 cm 海平面上升）、中海平面上升情景（59.0 cm 海平面上升）和高海平面上升情景（119.5 cm 海平面上升）下植被根系土壤盐度的空间变化分别如图 7-8 所示。从图 7-8 可以看出，低海平面上升情景（23.4 cm 海平面上升）和中海平面上升情景（59.0 cm 海平面上升）对表层含水层海（咸）水入侵的影响无明显差异，植被根系土壤仅有一小部分（1.21% 和 1.43%）的盐度高于 1 000 mg/L。但从图 7-8 可以看出，高海平面上升情景（119.5 cm 海平面上升）对表层含水层海（咸）水入侵的影响非常显著，植被根系土壤有 14% 的区域盐度高于 1 000 mg/L。

预测到 2080 年 10 月，低海平面上升情景（23.4 cm 海平面上升）、中海平面上升情景（59.0 cm 海平面上升）和高海平面上升情景（119.5 cm 海平面上升）下植被根系土壤盐度的空间变化分别如图 7-9 所示。从图 7-9 可以看出，低海平面上升情景（23.4 cm 海平面上升）和中海平面上升情景（59.0 cm 海平面上升）对表层含水层海（咸）水入侵的影响无明显差异。但从图 7-9 可以看出，高海平面上升情景（119.5 cm 海平面上升）对表层含水层海（咸）水入侵的影响非常显著。植被根系土壤含盐量大于 1 000 mg/L 的影响面积占总面积的比例的变化情况如表 7-5 所示。

表 7-5　影响面积与总面积的比例随时间的变化

SLR Scenarios	Percentage（%）	Percentage increase（%）
June, 2010 (0 cm)	1.05	—
June, 2080 (23.4 cm)	1.21	0.16
June, 2080 (59.0 cm)	1.43	0.38
June, 2080 (119.5 cm)	13.94	12.89
October, 2080 (0 cm)	1.01	—
October, 2080 (23.4 cm)	1.15	0.14
October, 2080 (59.0 cm)	1.37	0.36
October, 2080 (119.5 cm)	13.83	12.82

7.5　讨　论

在佛罗里达沿海地区,飓风和风暴潮经常在雨季发生(从6~10月),如果波浪和风暴潮足够高,越过沙丘或海堤,则会造成沿海低地被海水淹没,造成植被根系土壤盐度增加(Lin 等,2014)。本研究未考虑风暴潮对植物根系土壤海(咸)水入侵的影响,因为研究区2010年前后未发生大的飓风和热带风暴,且2010年前后缺乏风暴潮监测数据。

综上所述,本研究的目的是量化海平面上升对植物根系土壤海(咸)水入侵的影响,而忽略了天文潮汐和风暴潮的影响。总体而言,FEMWATER 模拟结果与前人模拟结果相符,即当情景海平面上升65~70 cm 时,植物根系土壤海(咸)水入侵程度显著。因为当海平面上升65~70 cm 时,沿海沙丘不能阻止上升的海水向内陆迁移并淹没沿海低洼地区,而海水的覆盖会使盐分渗入/扩散到植物根系土壤,使盐分升高。随着时间的推移,如果有降雨入渗可供稀释/冲洗,根区盐分可能会逐渐下降,但是如果没有降雨入渗,根区盐分可能会由于蒸发蒸腾作用而继续上升。根区盐分升高会降低植被生产力,影响土壤理化特性,破坏生态平衡,从而影响植被群落。盐度是控制种子萌发、植物生长、水分和养分吸收的主要因素之一(Shrivastava 和 Kumar,2015)。如果根区含盐量过高,水分可能不会流向植物根系,而是可能从植物根系流向土壤,导致植物脱水,产量下降甚至死亡,因为过量的氯对植物是有毒的。即使根区含盐量不高,氮素的吸收仍可能受到干扰,限制植物生长,造成植物繁殖停止。在受海(咸)水入侵影响的地区,持续高浓度根区盐分可能造成以下潜在后果:植被生产力下降;植被物种的枯死;物种组成由耐盐性较差的物种向耐盐性较强的物种转变;生物多样性退化和自然生境破坏。

作为自然修复的补充,海(咸)水入侵的程度可以通过人工修复得到进一步的减轻。Oude Essink(2001)提出了五种人为缓解措施来预防或延缓 SWI 过程,包括:通过在海岸线附近的深井注入或渗透淡水或再生水来建立淡水注入屏障;抽取含盐/微咸地下水;降低地下水抽采率和/或沿海抽水井搬迁;在高地地区增加人工补给,以扩大海底地下水的排泄,形成有效的水力屏障,阻止咸水进一步向内陆迁移,并为咸水稀释和冲洗提供向下梯度的淡水排放;构建物理屏障,如板桩和黏土沟。在这些人为缓解措施中,通过在海岸线附近的深井注入或渗透淡水或再生水来建立淡水注入屏障,以及在高地地区增加人工补给,以扩大海底地下水的排泄,形成有效的水力屏障,阻止咸水进一步向内陆迁移,并为咸水稀释和冲洗提供向下梯度的淡水排放,在研究区可能是有效的。此外,在沿海低洼地区防止海水漫溢,对于降低海水渗透/扩散到表层含水层的风险,是极其重要和必要的。人工海堤等海防建筑物的建造和维护是稳定海滩和海岸线、保护沿海低地免受海水漫溢的良好选择,主要用于吸收海浪的冲击,以保护海岸线免受高能海浪的冲击。然而,建造防波堤/海堤的成本通常是昂贵的,实际上并没有必要建造防波堤/海堤,因为研究区域是天然的,没有人工港口、码头或航道进出口。因此,一个经济而有效的措施是对现有沙丘进行增高和加固,在海岸线附近沙丘被破坏或消失的地方建立"新"沙丘,以阻止风暴潮引起的海水冲刷沿海低地。如果不发生沿海低地的海水漫过,预计海(咸)水入侵的程度会大大减小。

为了尽量减小海平面上升对植物根系土壤海(咸)水入侵的影响,在沿海低洼地区防止海水漫灌,减少海水进入根区渗透/扩散是十分重要和必要的。人工海堤等海防设施的建设和维护是良好的选择,但通常成本昂贵。研究区没有港口、码头或航道进出口。因此,没有必要花很多钱来建造人工海防结构,如防波堤/海堤(主要用于吸收海浪的冲击,以保护海岸线免受高能海浪的冲击)。然而,一种经济有效的防止海岸线侵蚀和海水在沿海低洼地区漫溢,从而保护植物根系土壤免受海(咸)水入侵影响的方法是,加固并抬高海岸线附近现有的沙丘,通过沙丘作为有效的沿海防御结构,抵御海平面上升造成的海水漫溢。

地下水是一个大型水库,储存于地下,是支撑小溪、湿地等地表水水体的重要水源,尤其在旱季(11月到翌年5月)对地表水的贡献更大。研究区内因为地下水水位很浅,在低洼地区接近地表,所以地表水和地下水之间高度相互关联,导致受到海(咸)水入侵污染和某些类型的污染物的地下水可以把污染物传递给地表水,如小溪、人工沟渠和湿地,造成地表水污染。地表水中氯离子浓度的增加会改变动植物的代谢途径和活动速率,从而给它们带来问题,对沿海生态系统造成影响(取决于氯离子浓度变化的大小)。

7.6 结 论

本研究的目的是研究美国佛罗里达州中东部沿海低洼冲积平原地区海(咸)水入侵对植被根系土壤的盐分含量的影响,而盐分含量对于植被物种的生存和自然环境生物多样性的维护是至关重要的。为了模拟2010年盐度分布的月变化,建立了FEMWATER参考模型,并根据水头进行了校准。基于校准后的参考模型,开发了三个FEMWATER模型来预测海平面上升对植被根系土壤海(咸)水入侵程度的影响。从仿真结果表明,如果海平面上升的程度较低(23.4 cm)或中等(59.0 cm),海平面上升对海(咸)水入侵的影响不显著;但如果海平面上升的程度较高(119.5 cm),海平面上升对海(咸)水入侵的影响非常显著,在高海平面上升(119.5 cm)背景下,海平面上升的波浪可以达到并越过海堤波峰,海堤可能无法阻止海水淹没内陆低洼地区。因此,加固并提高沿海地区沙丘的高度是一种经济有效的方法,可以有效防止海岸线侵蚀和海平面上升造成的海水漫溢。本研究的结果有助于正在进行的以预测植被群落对气候变化的响应为重点的研究,并可以在研究区和其他地势较低的沿海冲积平原和障壁岛系统中作为气候变化适应规划和决策的有效工具而使用。

参 考 文 献

[1] Alizad K, Hagen S C, Morris J T, Medeiros S C, Bilskie M V, Weishampel J F (2016) Coastal wetland response to sea-level rise in a fluvial estuarine system. Earths Future. 4(11):483-497.

[2] Barlow P M, Reichard E G (2010) Saltwater intrusion in coastal regions of North America. Hydrogeol J 18 (1):247-260.

[3] Bear J (1979) Hydraulics of groundwater. McGraw-Hill, New York.

[4] Bear J, Cheng A, Sorek S, Ouazar D, Herrera I (1999) Seawater Intrusion in coastal aquifers: concepts, methods and practices (theory and applications of transport in porous media). Kluwer, Dordrecht, the Netherlands.

[5] Bilskie M V, Bacopoulos P, Hagen S C (2017) Astronomic tides and nonlinear tidal dispersion for a tropical coastal estuary with engineered features (causeways): Indian River lagoon system, Estuar. Coast Shelf S., 1-17.

[6] Bilskie M V, Hagen S C, Alizad K, Medeiros S C, Passeri D L, Needham H F, Cox A (2016) Dynamic simulation and numerical analysis of hurricane storm surge under sea level rise with geomorphologic changes along the northern Gulf of Mexico. Earths Future. 4(5):177-193.

[7] Box E O, Crumpacker D W, Hardin E D (1993) A climatic model for location of plant species in Florida, USA. J. of Biogeogr. 20(6):629-644.

[8] Chang S W, Clement T P, Simpson M J, Lee K (2011) Does sea-level rise have an impact on saltwater intrusion? Adv Water Resour 34:1283-1291.

[9] Datta B, Vennalakanti H, Dhar A (2009) Modeling and control of saltwater intrusion in a coastal aquifer of Andhra Pradesh, India. J Hydro-environ Res 3:148-159.

[10] Foster T E, Stolen E D, Hall C R, Schaub R, Duncan B W, Hunt D K, Drese J H (2017) Modeling vegetation community responses to sea-level rise on Barrier Island systems: A case study on the Cape Canaveral Barrier Island complex, Florida, USA. PLoS One. 12(8):e0182605.

[11] Guo W, Langevin C D (2002) User's guide to SEAWAT: a computer program for simulation of three-dimensional variable-density ground-water flow. Techniques of Water-Resour Invest, Book 6, USGS, Reston, VA.

[12] Hall C R, Schmalzer P A, Breininger D R, Duncan B W, Drese J H, Scheidt D A, Lowers R H, Reyier E A, Holloway-Adkins K G, Oddy D M, Cancro N R, Provancha J A, Foster T E, Stolen E D (2014) Ecological impacts of the space Shuttle Program at John F. Kennedy Space Center, Florida. NASA/TM-2014-216639, NASA, Washington, DC.

[13] Horton R, Rosenzweig C (2010) Climate risk information, climate change adaptation in New York City: building a risk management response, in Rosenzweig C and Solecki W (Eds.), New York Academy of Sciences, 148-228.

[14] Horton R, Gornitz V, Bader D A, Ruane A C, Goldberg R, Rosenzweig C (2011) Climate hazard as-

sessment for stakeholder adaptation planning in New York City, J. Appl. Meteor. Climatol., 50: 2247-2266.

[15] Hovenga P A, Wang D, Medeiros S C, Hagen S C, Alizad K (2016) The response of runoff and sediment loading in the Apalachicola River, Florida to climate and land use land cover change. Earths Future. 4(5):124-142.

[16] Huang W, Hagen S C, Bacopoulos P, Wang D (2015) Hydrodynamic modeling and analysis of sea-level rise impacts on salinity for oyster growth in Apalachicola Bay, Florida. Estuar. Coast Shelf S. 156:7-18.

[17] Hussain M S, Javadi A A (2016) Assessing impacts of sea level rise on seawater intrusion in a coastal aquifer with sloped shoreline boundary. J Hydro-environ Res 11:29-41.

[18] IPCC (2013) Climate Change 2013: The Physical Science Basis. Contribution of Working Group I to the Fifth Assessment Report of the Intergovernmental Panel on Climate Change. Cambridge University Press, Cambridge, United Kingdom, and New York, NY, USA.

[19] Ketabchi H, Mahmoodzadeh D, Ataie-Ashtiani B, Simmons C T (2016) Sea-level rise impacts on seawater intrusion in coastal aquifers: Review and integration. J Hydrol 535:235-255.

[20] Kidwell D M, Dietrich J C, Hagen S C, Medeiros S C (2017) An Earth's Future Special Collection: Impacts of the coastal dynamics of sea level rise on low-gradient coastal landscapes. Earths Future. 5(1): 2-9.

[21] Kim S D, Lee H J, Park J S (2012) Simulation of seawater intrusion range in coastal aquifer using the FEMWATER model for disaster information. Marine Georesources & Geotechnology. 30(3):210-221.

[22] Langevin C D (2003) Simulation of submarine groundwater discharge to a marine estuary: Biscayne Bay, Florida. Groundwater 41(6):758-771.

[23] Lin N, Lane P, Emanuel K A, Sullivan R M, Donnelly J P (2014) Heightened hurricane surge risk in northwest Florida revealed from climatological-hydrodynamic modeling and paleorecord reconstruction, J. Geophys. Res.-Atmos., 119(14):8606-8623.

[24] Lin H C J, Richards D R, Talbot C A, Yeh G T, Cheng J R, Cheng H P, Jones N L (1997) FEMWATER: A Three-Dimensional Finite Element Computer Model for Simulating Density-Dependent Flow and Transport in Variably Saturated Media. Technical Report CHL-97-12.

[25] Lin J, Snodsmith B, Zheng C, Wu J (2009) A Modeling Study of Seawater Intrusion in Alabama Gulf Coast, USA. Environ. Geol. 57:119-130.

[26] Mailander J L (1990) Climate of the Kennedy Space Center and vicinity. NASATech. Memo. 103498, NASA, Washington, DC.

[27] Miller J A (1986) Hydrogeologic framework of the Floridan aquifer system in Florida and in parts of Georgia, Alabama, and South Carolina. U.S. Geological Survey Professional Paper 1403-B.

[28] Mzila N, Shuy E B (2003) Studies on groundwater salinity distribution in a coastal reclaimed land in Singapore. International Conference on Estuaries and Coasts, November 9-11, 2003, Hangzhou, China.

[29] NGWA (2010) Brackish groundwater. National Groundwater Association Information Brief. http://www.ngwa.org/mediacenter/briefs/documents/brackish_water_info_brief_2010.pdf. Accessed June 2016.

[30] Newmann B, Vafeidis A T, Zimmermann J, Nicholls R J (2015) Future coastal population growth and exposure to sea-level rise and coastal flooding - A global assessment. PLoS ONE 10(3):e0118571.

[31] Passeri D L, Hagen S C, Bilskie M V, Medeiros S C (2015a) On the significance of incorporating shoreline changes for evaluating coastal hydrodynamics under sea level rise scenarios. Nat. Hazards. 75(2): 1599-1617.

[32] Passeri D L, Hagen S C, Medeiros S C, Bilskie M V (2015b) Impacts of historic morphology and sea level rise on tidal hydrodynamics in a microtidal estuary (Grand Bay, Mississippi). Cont. Shelf Res. 111: 150-158.

[33] Passeri D L, Hagen S C, Medeiros S C, Bilskie M V, Alizad K, Wang D (2015c) The dynamic effects of sea level rise on low-gradient coastal landscapes: A review. Earths Future. 3(6):159-181.

[34] Purdum E D, Krafft P A, Anderson J, Bartos B, McPherson S, Penson G, Tramontana E (2002) Florida Waters: A Water Resources Manual from Florida's Water Management Districts.

[35] Qahman K, Larabi A (2006) Evaluation and numerical modeling of seawater intrusion in the Gaza aquifer (Palestine). Hydrogeology J. 14:713-728.

[36] Rasmussen P, Sonnenborg T O, Goncear G, Hinsby K (2013) Assessing impacts of climate change, sea level rise, and drainage canals on saltwater intrusion on coastal aquifer. Hydrol Earth Syst Sci 17: 421-443.

[37] Rosenzweig C, Horton R M, Bader D A, Brown M E, DeYoung R, Dominguez O, Fellows M, Friedl L, Graham W, Hall C, Higuchi S, Iraci L, Jedlovec G, Kaye J, Loewenstein M, Mace T, Milesi C, Patzert W, Stackhouse P W, Toufectis K (2014) Enhancing climate resilience at NASA centers: a collaboration between science and stewardship. Bull Am Meteorol Soc 95(9):1351 – 1363.

[38] Saha A K, Saha S, Sadle J, Jiang J, Ross M S, Price R M, Sternberg L, Wendelberger K S (2011) Sea level rise and South Florida coastal forests. Climatic Change. 107:81-108.

[39] Saha S, Sadle J, Heiden C, Sternberg L (2015) Salinity, groundwater, and water uptake depth of plants in coastal uplands of Everglades National Park (Florida, USA). Ecohydrology. 8(1):128-136.

[40] Sanford W E, Pope J P (2010) Current challenges using models to forecast seawater intrusion: lessons from the Eastern Shore of Virginia, USA. Hydrogeol. J. 18:73-93.

[41] Schmalzer P A (1995) Biodiversity of saline and brackish marshes of the Indian River Lagoon: historic and current patterns. B. Mar. Sci. 57(1):37-48.

[42] Schmalzer P A, Hensley M A, Mota M, Hall C R, Dunlevy C A (2000) Soil, groundwater, surface water, and sediments of Kennedy Space Center, Florida: background chemical and physical characteristics. NASA/Technical Memorandum-2000-208583, NASA.

[43] Schmidt G A, Ruedy R, Hansen J E, Aleinov I, Bell N, Bauer M, Yao MS, et al. (2006) Present-day atmospheric simulations using GISS Model E: comparison to in-situ, satellite, and reanalysis Data, J. Climate, 19:153-192.

[44] Sharqawy M H, Lienhard V J H, Zubair S M (2010) Thermophysical properties of seawater: a review of existing correlations and data. Desalin. Water Treat. 16:354-380.

[45] Shrivastava P, Kumar R (2015) Soil salinity: A serious environmental issue and plant growth promoting bacteria as one of the tools for its alleviation, Saudi J. Biol. Sci., 22:123-131.

[46] Smith N P (1990) An introduction to the tides of Florida's Indian River Lagoon. II. Currents. Florida Scientist. 56:216-225.

[47] Smith N P (1993) Tidal and wind-driven transport between Indian River and Mosquito Lagoon, Florida. Florida Scientist. 56:235-246.

[48] Steyer G D, Perez B C, Piazza S C, Suir G (2007) Potential consequences of saltwater intrusion associated with Hurricanes Katrina and Rita: Chapter 6C in Science and the storms-the USGS response to the hurricanes of 2005, Circular 1306-6C.

[49] Voss C I (1984) SUTRA-A finite-element simulation model for saturated-unsaturated, fluid density-de-

pendent ground-water flow with energy transport or chemically-reactive single-species solute transport: U. S. Geological Survey Water-Resources Investigations Report 84-4369.

[50] Werner A D, Bakker M, Post V E A, Vandenbohede A, Lu C, Ataie-Ashtiani B, Simmons C T, Barry D A (2013) Seawater intrusion processes, investigation and management: recent advances and future challenges. Adv Water Resour 51:3-26.

[51] Werner A D, Simmons C T (2009) Impact of sea-level rise on sea water intrusion in coastal aquifers. Groundwater 47(2):197-204.

[52] Williams L J, Kuniansky E L (2016) Revised hydrogeologic framework of the Floridan aquifer system in Florida and parts of Georgia, Alabama, and South Carolina (ver. 1.1, March 2016): U.S. Geological Survey Professional Paper 1807, 140 p., 23 pls., http://dx.doi.org/10.3133/pp1807.

[53] Xiao H, Wang D, Hagen S C, Medeiros S C, Hall C R (2016) Assessing the impacts of sea-level rise and precipitation change on the surficial aquifer in the low-lying coastal alluvial plains and barrier islands, east-central Florida (USA), Hydrogeol J 24(7):1791-1806.

[54] Yu X, Yang J, Graf T, Koneshloo M, O'Neal M A, Michael H A (2016) Impact of topography on groundwater salinization due to ocean surge inundation. Water Resour. Res. 52:5794-5812.

第四篇 地面塌陷影响评价数值模拟研究案例

第8章 评估地下水补给和水位差对美国佛罗里达州中东部沿海地区地面塌陷形成的影响

由于可溶性基岩(碳酸盐或白云岩)被酸性地下水腐蚀溶解,表层土壤会逐渐下沉或突然坍塌,形成地面塌陷。地面塌陷的发生与当地的水文地质条件(地下水补给率及浅层和深层含水层水位差)有关。历史数据显示,在雨季开始时地面塌陷更容易发生,且发生频率具有季节性周期变化。在这项研究中,选择易受地面塌陷危害的佛罗里达州中东部地区作为研究区域,定量研究地面塌陷的发生与水文地质条件之间的关系。分析结果表明,地面塌陷发生的季节性是由降雨量和地下水位的季节性变化造成的,当浅层和深层含水层水位差在短时间内急剧增加后保持恒定在峰值时,最容易出现地面塌陷。地面塌陷的密度随地下水补给率及浅层和深层含水层水位差的增加而线性增加。

8.1 研究内容简介

地面塌陷广泛分布在佛罗里达喀斯特地貌中(Rupert 和 Spencer,2004;Gray,2014)。地面塌陷可能对建筑物、道路、桥梁、输电线路和管道造成财产损失和结构问题,并且可能导致环境问题,例如地下水水质恶化,因为地面塌陷可能会将受污染的地表水直接输送到地下水含水层(Chen,1993;Lindsey 等,2010);地面塌陷也可以通过收集降雨和地表径流来创造新的湿地和湖泊。自20世纪50年代以来,人口稠密的城市和农村地区地面塌陷情况的发现和报告迅速增加,人们已经认识到地面塌陷是人类生命和财产遭受破坏的主要地质灾害,导致社会遭受巨大的经济损失(Wilson 和 Shock,1996;Brinkmann 等,2008;Kuniansky 等,2015)。佛罗里达州保险监管局2010年报告称,2006~2010年间,保险公司在佛罗里达州收到了24 671起地面塌陷损坏索赔,总计约14亿美元,每年约2.8亿美元。

在佛罗里达州,地面塌陷理论由 Beck(1986)和 Waltham 等(2005)提出和发展,认为碳酸岩和白云岩的溶解是主要原因。岩溶地貌的形成和发展,是渗透的弱酸性雨水通过上覆黏土沉积物缓慢补给或通过裂缝和充满沙子的管道迅速补给碳酸盐基岩。碳酸盐岩基岩顶部的可溶性石灰岩和白云岩在地质时间尺度上溶解,并极其缓慢地被冲刷(一般为几毫米每千年),形成小空洞/空洞。随着时间的推移,小空洞/空洞变大,上覆的表层土壤向下移动以填充空洞/空隙,导致从上覆的表层土壤底部开始向上扩散/侵蚀土壤颗粒。随着时间的推移,扩大的空腔/空隙聚结并变得水力互连,增加了局部地下水流量和空腔/空隙生长速率。最终,当表面土壤由于压实的损失而落入地下空腔/空隙中时,发生地面塌陷现象。注意到水力相互连接的空腔和空隙可以:①形成广泛的管道系统,以局部规模输送大量地下水流。②在区域范围内建造高产的岩溶含水层,如佛罗里达含水层,其透水率甚至可达到 100 000 m²/d(Kuniansky 等,2012;Kuniansky 和 Bellino,2016)。Tihansky(1999)对佛罗里达州的气候和人类活动的影响因素进行了综述和总结,认为诸如暴雨和长期干旱等气候因素,以及地下水抽水、城市化(土地利用变化)、地表蓄水、钻井和采矿等人类活动,可以在改变水文地质条件和触发地面塌陷方面发挥关键作用,在相对较短的时间内造成地面塌陷的发生。大规模抽取地下水和长时间的干旱会降低地下水位,并导致石灰岩含水层的流体压力大量损失,并且土地利用变化(如建造用于管理地表水径流和废水排放的滞留池)可能会增大表层土壤重力。因此,在强降雨期间和之后,地表土壤上的应力突然增加,同时石灰岩含水层失去浮力支撑,发生地面塌陷的概率大大增加。

在佛罗里达州,检测到的地面塌陷主要根据上覆沉积物的成分、物理特征和厚度,分为溶蚀地面塌陷、覆盖塌陷地面塌陷和覆盖沉降地面塌陷(Sinclair 和 Stewart,1985)。溶蚀地面塌陷和覆盖沉降地面塌陷影响相对是微不足道的,因为它们的影响可能是不明显的;而覆盖塌陷地面塌陷的影响通常是灾难性的,因为它们通常在没有警告的情况下突然发生。虽然地面塌陷的发生(特别是覆盖塌陷地面塌陷)可能只需要很短的时间,但是其形成过程却是一个复杂的地质过程,是佛罗里达州数千年来发生的更广泛的岩溶过程的一部分(Brinkmann,2013)。因此,在更广泛的岩溶过程中,地面塌陷的发生只是一个小事件。在佛罗里达州,碳酸盐岩基岩相对年轻,但地质情况很复杂,沉积和侵蚀的周期从佛罗里达陆地被海水淹没后出现。对应于几次降低和升高的海平面,在高海平面期间,海水抑制石灰石溶解,并且在海水覆盖的区域中岩溶作用不活跃。在低海平面期间,岩溶过程恢复并再次活跃。因此,在佛罗里达州探测到的地面塌陷可能是最近形成的新地面塌陷或数万年前形成的古地面塌陷。

在佛罗里达州,地面塌陷的发生频率呈季节性变化。Jammal(1982)评估了佛罗里达州 Winter Park 市发生地面塌陷的季节性,发现大多数地面塌陷发生在 5 月和 6 月,当时地下水位通常处于年度最低点。Wilson 等(1987)研究了佛罗里达州奥兰多附近的地面塌陷相关的水文地质因素,并指出地面塌陷的发生是由地下水流和机械应力的变化和传播,其季节性是由当地和区域水文地质条件的季节性变化及气候和人类活动的季节性变化引起的,如降水和地下水抽水的周期性季节性变化。Wilson 和 Beck(1992)研究了在佛罗里达州大奥兰多地区新发现的地面塌陷的季节性,并指出地下水通过它们之间的限制单元和水力头差异从上覆的非承压含水层补充到下面的承压含水层。非承压水层的地下水位与承压含水层的水位之间的差异对于地面塌陷的发生至关重要。在雨季(5 月和 6 月)开始时,地下水位和水位差都降至年度最低点。在强降雨期间和之后,非承压含水层的响应很快,地下水位可以在相对较短的时间内迅速上升,而承压含水层的响应速度要慢得多,水位可能在一段时间内保持不变,然后逐渐开始上升。非承压含水层地下水位的快速上升产生了快速增加的重量,而不变或缓慢上升的承压含水层仍然提供近乎恒定的浮力支撑,导致地面塌陷发生的可能性增加,因为向下的力和向上的浮力不是"平衡的"。在旱季(11 月和 12 月)开始时,地下水位恢复到其年度最高点并提供稳固的浮力支撑,导致地面塌陷发生的可能性较低。Brinkmann 和 Parise(2009)研究了美国佛罗里达州坦帕和奥兰多每月发生的地面塌陷频率与月降雨量之间的关系,并提到了地面塌陷发生的频率随着降雨量的增加而增加。

从以往的研究来看,降雨量、地下水补给和非承压–承压含水层之间的水位差是导致地面塌陷发生的关键影响因素,它们的季节变化对于地面塌陷发生的季节性至关重要。然而,目前的研究尚未定量研究地面塌陷发生与影响因子之间的关系。因此,本研究的重点是量化观测到的地面塌陷的空间和时间分布与影响因子的空间和时间变化之间的关系,并确定降雨量、地下水补给量和水头差异的多少可以引起地面塌陷的发生。在这项研究中,选择了极易受地面塌陷灾害影响的佛罗里达州中东部地区作为研究区域。本研究的目的是定量分析:

(1)观测到的地面塌陷的时间分布与降雨量和地下水位的时间变化之间的关系。

(2)观测到的地面塌陷的空间分布与地下水补给和地下水水位差的空间变化之间的关系。

请注意,这里提到的地下水补给是指从上覆的非承压含水层到下面的承压含水层的地下水渗漏速率(主要取决于非承压含水层的地下水位与承压含水层的地下水位之间的水头差异以及分隔两个含水层的弱透水层的渗透率和厚度)。

从结果中可以看出:

(1)非承压含水层和承压含水层之间的水位差的季节性变化对地面塌陷的发生起着至关重要的作用,当局部水位差在短时间内急剧增加后保持在峰值时,最容易出现地面塌陷。

(2)地面塌陷发生的密度随着补给率和水头差异的增加呈线性增加。

8.2 研究区描述

8.2.1 简述

选择作为研究区域的是佛罗里达州中东部地区(如图 8-1 所示),包括 Orange 和 Seminole 县,大部分 Brevard、Lake 和 Osceola 县,以及部分 Marion、Polk、Sumter 和 Volusia 县。研究区域从西部到东部边界约 150 km,从北部到南部边界约 130 km,面积约为 16 740 km²。从西向东,地表高程从大于 60 m(NAVD 88)逐渐降低到海平面高度。地表水体包括河流及其支流、湖泊/水库、沼泽/湿地、沿海潟湖和海洋。高地主要由排水良好的沙质土壤覆盖,其特点是发育良好的岩溶地貌,由许多喀斯特地貌构成。

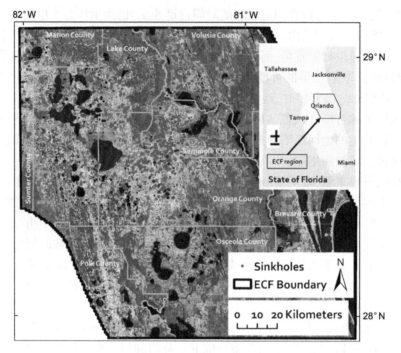

图 8-1　研究区地理位置

8.2.2　水文气象条件

佛罗里达州中东部属于湿润的亚热带地区,气候夏季炎热潮湿,冬天温和干燥,雨季从 5~10 月,旱季在 11 月(Mailander, 1990)。平均最低温度 1 月为 10 ℃,8 月为 22 ℃,平均最高温度 1 月为 22 ℃,7 月为 33 ℃。年降雨量为 848~2 075 mm,年平均降雨量为 1 366 mm,年平均蒸散量为 760~1 200 mm(Schmalzer 等, 2000;Tibbals, 1990)。

8.2.3　水文地质条件

研究区水文地层单元由上至下依次为地表含水层系统(Surficial Aquifer Systems)、弱透水层系统(Intermediate Confining Unit)、承压含水层系统(Floridan Aquifer System)和隔水层(Lower Confining Unit)。根据 Schmalzer 和 Hinkle (1990)的描述,各水文地层单元的特征如表 8-1 和图 8-2 所示。

表 8-1　各水文地层单元的特征情况

Geologic age	Composition	Hydro-stratigraphic unit	Thickness (m)	Lithological character	Water-bearing property
Holocene and Pleistocene	Holocene and Pleistocene deposits	Surficial aquifer system	0~33	Fine to medium sand, sandy coquina and sandy shell marl	Low permeability, yields small quantity of water

Geologic age	Composition		Hydro-stratigraphic unit	Thickness (m)	Lithological character	Water-bearing property
Pliocene	Pliocene and upper Miocene deposits		Intermediate confining unit	6~27	Gray sandy shell marl, green clay, fine sand and silty shell	Very low permeability
Miocene	Hawthorn Formation			3~90	Sandy marl, clay, phosphorite, sandy limestone	General low permeability, yields small quantity of water
Eocene	Ocala Group	Crystal River Formation	Floridan aquifer system	0~30	Porous coquina in soft and chalky marine limestone	General very high permeability, yields large quantity of artesian water
		Williston Formation		3~15	Soft granular marine limestone	
		Inglis Formation		>21	Coarse granular limestone	
	Avon Park Formation			>87	Dense chalky limestone and hard, porous, crystalline dolomite	
Paleocene	Cedar Keys Formation		Lower confining unit	—	Interbedded carbonate rocks and evaporites	Very low permeability

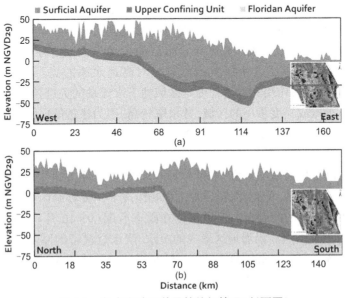

图 8-2　各水文地层单元的特征情况 (剖面图)

承压含水层系统(Floridan Aquifer System)是一个大型含水层,一般厚度大于600 m,大多具有很高的渗透性和透水性。一般而言,承压含水层系统受上覆弱透水层及下覆隔水层所限制。在大多数地方,承压含水层系统的水位高于地表含水层系统的地下水位,导致地下水从承压含水层向上渗透到地表含水层,从而为盐分向上运移创造了通道。然而,由于上覆弱透水层渗透率较低,因此向上渗透量相对较小。由于下覆隔水层渗透率极低,通过隔水层的向下渗透非常小。沿海地区从承压含水层中泵出的地下水被矿化度较高,这极大地限制了承压含水层地下水的开发利用。内陆地区承压含水层透水性高,是农业、工业和市政用途的淡水供应的主要来源,主要是因为碳酸盐岩基岩的溶解和次生孔隙度和岩溶特征的发展。承压含水层由相对较厚的第三纪时期的碳酸盐岩组成,包括连续的相互连接的石灰岩和具有高渗透性的白云岩。承压含水层由上下承压含水层组成,由几个限制和半限制单元分隔。上部承压含水层的顶部是弱透水层。上部承压含水层包括由Suwannee渗透区(如果存在)组成的渗透区和最上层的渗透区(包括顶部之间的所有渗透区),具有互层低渗透性石灰岩、白云质灰岩和白云岩的海绵状白云岩结构,其中存在裂缝系统和海绵带,产生可渗透的区域。上部承压含水层的底部由承压含水层中间部分的两个复合单元标记。这两个复合单元是Lisbon-Avon Park复合单元和Middle Avon Park复合单元。Lisbon-Avon Park复合单元主要由细粒碳酸盐岩和低渗透碎屑岩约束层组成;Middle Avon Park复合单元由含蒸发岩的岩石和地层等效的非含蒸发岩的碳酸盐岩单元组成。复合单元的厚度和渗透率控制上、下承压含水层之间的地下水交换速率。较低的承压含水层由Middle Avon Park复合单元下方的所有可渗透和较不可渗透的区域组成,包括Avon Park的最下部,较低的Avon Park渗透区和Oldsmar渗透区。下部承压含水层的底部是由Cedar Keys Formation组成的下部限制单元。承压含水层的厚度(定义为覆盖的弱透水层和隔水层之间的所有岩石)从600 m向南逐渐增加到750 m。在大多数地方,承压含水层受到覆盖的弱透水层的限制。然而,在弱透水层很薄或不存在的地区,承压含水层可以无限制地与地表含水层进行水力交换。由于高度异质性和各向异性,根据局部水文地质条件,透水率在500 m²/d至100 000 m²/d之间变化。当非承压含水层水位高于承压含水层时,地下水向下渗流。在承压含水层的大部分范围内存在岩溶特征,包括裂缝、地下暗河和泉,导致承压含水层成为具有相对高透水率的高产含水层(Williams和Kuniansky,2016)。岩溶作用和封闭程度是区域地下水流动的关键控制因素。一般而言,在承压含水层不承或轻度承压的区域,透水率较高,因为渗透的弱酸性雨水很容易向下移动,并溶解碳酸盐基岩(Kuniansky,2012)。在承压含水层高度承压的情况下,情况恰恰相反。

地表含水层以上界为地下水位,下界为弱透水层顶部,主要由中-低渗透全新世和更新世细砂、贝壳灰岩、粉砂、贝壳、泥灰岩等沉积物组成。主要补给区位于卡纳维拉尔角岛和东梅里特岛相对较高的沙脊上。地下水位在雨季后期(9~10月)升至最高点,在旱季后期(3~4月)降至最低点。沿海地区形成的咸水/淡水过渡带的厚度和迁移主要取决于水文地质环境的特征和内陆水位的波动。过渡带可以向陆地移动,也可以向海洋移动,与之相对应的是水位的降低或升高。

8.2.4　地面塌陷情况

地面塌陷是在可溶性石灰岩和白云岩所在地区发展起来的最常见的喀斯特地貌。地面塌陷可将地下水含水层与地表水连接起来。然而,如果渗透性较低的沉积物填充在下沉孔和相关的导管中,则地面塌陷的开口可以"关闭",并且可以阻止地表水与地下水之间的交换。

喀斯特地形是一种独特地貌,由可溶性碳酸盐岩基岩的风化作用雕刻而成。在佛罗里达州可以经常看到喀斯特岩溶地区,其中碳酸盐岩基岩大部分被沉积物覆盖(Tihansky,1999)。在喀斯特岩溶地区,碳酸盐基岩不暴露在陆地表面,未固结和不溶的覆盖沉积物的成分和厚度不同。然而,可以通过地面塌陷和丘状地貌(覆盖沉积物遵循下面的凹陷的形状)来指示覆盖型岩溶的存在。如果地面塌陷处被雨水填充,则会形成湖泊/池塘。塌陷型湖泊直接从降雨、陆地径流和地下水排泄中获取水,并通过蒸发和泄漏而失去水。许多塌陷型湖泊没有连接到主要的地表水排水系统,因此水可能无法自由流入或流出。由于流入和流出并不总是平衡的,因此这些塌陷型湖泊中的水位波动通常高于其他湖泊(Schiffer 1996)。

8.3　方法和数据

8.3.1　地面塌陷空间分布

在佛罗里达州,佛罗里达州地质调查局出具的佛罗里达州地面塌陷事故报告中记录了地面塌陷事件,这是一个主要的数据源。研究区自 20 世纪 50 年代以来已报告了 500 多起地面塌陷事件,其中 414 起已被完全记录,包括发生时间、地点、形状、尺寸、土壤类型、边坡和土地利用以及土地覆盖。414 起地面塌陷事故的空间分布如图 8-3 所示。

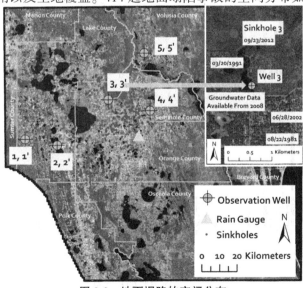

图 8-3　地面塌陷的空间分布

以下关于地面塌陷的研究是基于已报告并有充分记录的 414 次地面塌陷事故,尽管这些地面塌陷事件中的一些可能尚未被地质学家验证为"真实的"地面塌陷。应该注意的是,由于向佛罗里达州地质调查局报告地面塌陷事件是自愿的,因此研究区域中发生的地面塌陷可能存在不足,有些地面塌陷可能会被填充,并且可能会被单独修复而不会通知佛罗里达州地质调查局,因为担心发生过地面塌陷会对土地价值产生负面影响。尽管如此,佛罗里达州地质调查局地面塌陷数据库被证明是有效的(Fleury 等, 2008)。

8.3.2 地面塌陷尺寸分布

根据 414 个记录的地面塌陷的形态特征,76.6% 为圆形,16.9% 为细长形,6.5% 为不规则形。圆形地面塌陷占主导地位,当覆盖层失效和土壤表面坍塌时会出现塌陷,而圆顶形覆盖层最有可能在表层土壤的剥离和侵蚀过程中形成,所以圆形地面塌陷较多(Gutierrez, 2013)。

地面塌陷的尺寸(直径/长度,深度)是一个重要且有用的工程设计标准,因为它决定了必须桥接的最小距离。地面塌陷的直径/长度从几米到几百米不等,深度从几厘米到几米不等。414 起记录的圆形地面塌陷的直径和深度分布分别绘制在图 8-4(a)和(b)中。可以观察到,该分布是对数正态分布,并且直径和深度不大于 5 m 的圆形下沉孔是主要的。据估计,50% 的圆形地面塌陷的直径和深度分别不大于 3.3 m 和 1.8 m,90% 的圆形地面塌陷的直径和深度分别不大于 10.7 m 和 9.2 m。414 起记录的细长形的地面塌陷的长度和深度分布分别绘制在图 8-4(c)、(d)中。据估计,50% 的细长形的地面塌陷的直径和深度分别不大于 2.9 m 和 1.4 m,90% 的细长形的地面塌陷的直径和深度不大于 7.6 m 和 6.1 m。通常,与细长形状的地面塌陷相比,圆形地面塌陷的直径/长度更大,并且深度更深。

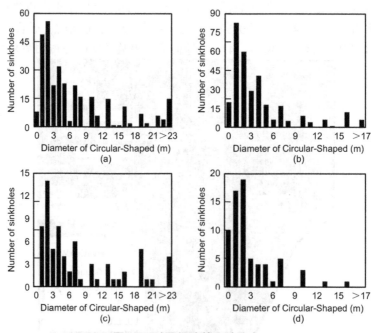

图 8-4　地面塌陷的尺寸分布

8.3.3 地面塌陷的时间分布与降雨和地下水位的时间变化的关系

414 起记录的地面塌陷每月发生的频率如图 8-5 所示。一般来说,从 12 月到翌年 5 月可以观察到增加的趋势,而从 6~11 月则呈下降趋势。地面塌陷主要发生在 5 月(70 个报告的地面塌陷),而 11 月最少(14 个报告的地面塌陷),分别占报告总数的 16.9% 和 3.4%。414 个报告的地面塌陷中有 53% 发生在 5~8 月的这段时间内。在下面的分析中,使用从 St. Johns River Water Management District 记录得到的水文数据,研究观测到的地面塌陷的时间分布与降雨量和地下水位的时间变化之间的关系。几个雨量计具有连续的每日降雨记录,将其中一个雨量计测量的降雨数据用于表示时间变化,因为其他雨量计测量的数据非常相似。"代表性"雨量计的位置如图 8-6 所示,降雨量的时间变化(月平均值)绘制在图 8-7(1950~1997 年收集的数据)中。从图 8-7 可以看出,年平均降雨量为 1 296 mm,雨季(6~10 月)的降雨量为 796 mm(61.4%)。一般来说,地面塌陷的季节性(见图 8-5)变化类似于降雨的季节变化。

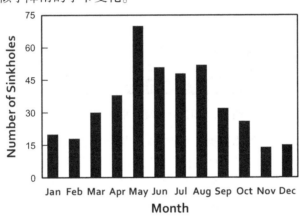

图 8-5　地面塌陷的季节性变化

91 个和 138 个观测井分别具有每日或每月地下水位的连续记录。与降雨不同,地下水位的时间变化不能仅使用一个或几个观测井来表示,因为地下水位由岩溶的岩溶特征和地下水抽取而变化,并且由降雨和地下水抽水的季节性而变化。因此,有必要确定地下水位的特定时间变化,特别是在特定地面塌陷发生前几个月,因为每个地面塌陷位置的地下水位不同。

根据以下标准选择适当的观测井进行进一步分析:
(1)与"目标"地面塌陷的距离在 2 km 以内,使观察到的地下水位具有代表性。
(2)"目标"地面塌陷发生前 6 个月以内地下水水位数据连续。

基于上述标准,选择五对观测井(一个记录非承压含水层水位,另一个记录承压含水层水位)。位置绘制在图 8-6 中,观测井的详细信息在表 8-2 中描述。同时,选择五个"目标"地面塌陷。为了描述选择"目标"地面塌陷的标准,采用地面塌陷 3(如右上角的放大图所示)作为例子在此叙述。地面塌陷 3 和其他三个地面塌陷位于观测井 3 附近,其中非承压含水层水位和承压含水层水位数据可在 2008~2016 年获得。地面塌陷 3 发生在

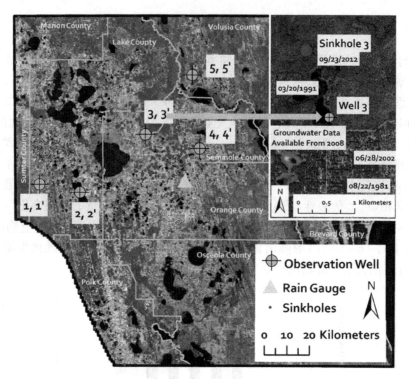

图 8-6　雨量计和观测井的地理位置

2012 年 9 月 23 日,当时有观测数据。因此,地面塌陷 3 被定义为"目标"地面塌陷。类似地,地面塌陷 1、2、4 和 5 被选取为"目标"地面塌陷。值得注意的是,地面塌陷 1、2 和 3 附近的非承压含水层水位和承压含水层水位数据为每日数据,而地面塌陷 4 和 5 附近的非承压含水层水位和承压含水层水位数据为每月数据。

　　地面塌陷 1、2、3、4 和 5 发生时,非承压含水层和承压含水层之间的水头差如图 8-7所示。正值表示非承压含水层水位高于承压含水层水位(地下水向下渗流),负值表示非承压含水层水位低于承压含水层水位(地下水向上渗流)。以地面塌陷 3 为例,从图 8-7可以看出,从 1~8 月,地面塌陷 3 附近的水头差继续减小;到 8 月底下降到年最低水平(0.4 m),然后在很短的时间(约半个月)内显著增加到 1.8 m;此后,9 月底至 11 月底,水头差几乎没有变化;12 月又增加了 0.1 m;2012 年达到了最高的年度水头差。地面塌陷 3发生在 9 月 23 日,水头差在急剧增大后达到峰值。从图 8-7 上可以看出,地面塌陷 4 和地面塌陷 5 的情况非常相似,地面塌陷 2 也发生在水头差达到峰值时,并且在很短的时间内(不到一周)水头差急剧增加。

　　从图 8-7 可以看出,在地面塌陷 2、3、4、5 出现前,非承压含水层和承压含水层水头差的增加是全年最显著的,说明非承压含水层和承压含水层水头差的急剧增加可能是触发地面塌陷发生的关键因素。从图 8-7 中可以看出,水头差最大的增加发生在 8 月下旬,而地面塌陷 1 发生在 9 月 26 日(晚了近 1 个月)。

　　从以上分析可以看出,地面塌陷的发生时间高度依赖于非承压含水层和承压含水层水头差的增加,这可能是由暴雨和/或超量快速开采地下水造成的。

表 8-2　观测井的详细信息

ID	Number	Name	Latitude	Longitude	Observed Value
1	09252091	L−0041	28.535	−81.913	W.T.E. ①
	09252090	L−0062			P.S.E. ②
2	30442915	L−1018	28.508	−81.750	W.T.E.
	30442913	L−1024			P.S.E.
3	15474993	OR−0894	28.708	−81.488	W.T.E.
	15474992	OR−0893			P.S.E.
4	09992686	S−1337	28.660	−81.274	W.T.E.
	09991414	S−1257			P.S.E.
5	05601059	V−0197	28.911	−81.304	W.T.E.
	05601057	V−0196			P.S.E.

注:①W.T.E.为非承压含水层地下水位。
　　②P.S.E.为承压含水层地下水位。

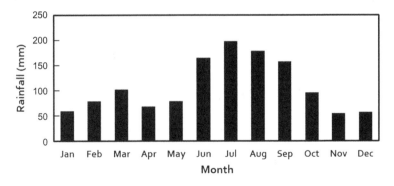

（a）月平均降雨量(1950~1997 年)

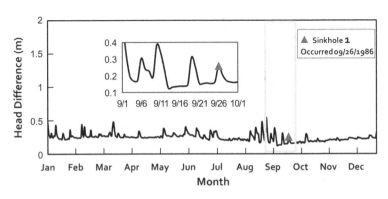

（b）非承压含水层地下水位和承压含水层地下水位差（观测井 1）

图 8-7　水位差的季节性变化规律

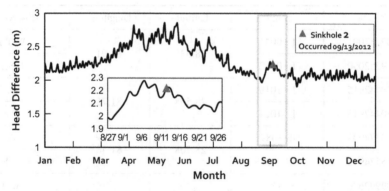

（c）非承压含水层地下水位和承压含水层地下水位差（观测井 2）

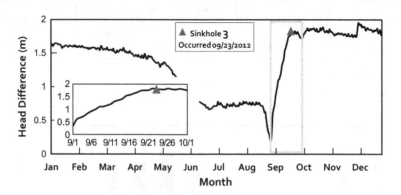

（d）非承压含水层地下水位和承压含水层地下水位差（观测井 3）

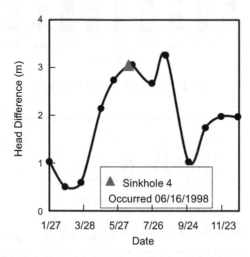

（e）非承压含水层地下水位和承压含水层地下水位差（观测井 4）

续图 8-7

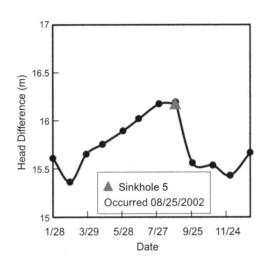

(f)非承压含水层地下水位和承压含水层地下水位差(观测井5)

续图 8-7

8.3.4 地面塌陷的空间分布及地下水补给和水头差的空间变化

在过去的几十年中,由于缺少调查,实测数据不足,量化地下水补给和水头差异具有高度不确定性。如今,随着计算机技术和地下水建模和数值模拟代码的快速发展,使用地下水模型进行模拟和预测地下水补给和水头差异,应用非常广泛(Zhou 和 Li,2011)。

研究区已开发了两个区域尺度的地下水模型,包括 ECF 模型(McGurk 和 Presley,2002)和 ECFT 模型(Sepulveda 等,2012)。在时间离散上,ECF 模型模拟稳态地下水流场,而 ECFT 模型模拟非稳态地下水流场(从 1995 年到 2006 年的 144 个月地下水位和地表水/地下水相互作用的月际变化)。本研究选取 ECF 模型的模拟结果,即模拟的地下水年平均补给率和非承压含水层水位和承压含水层水位的差值用于进一步分析。ECF 模型的简要描述如下。

ECF 模型使用 MODFLOW-1996 有限差分计算机代码(Harbaugh 和 McDonald,1996)模拟了 1995 年稳态水文条件下的研究区地下水非承压含水层和承压含水层年平均水位、补给速率、地下水流速、泉水排放和河流湖泊的渗漏。在研究区域内,将复杂的水文地质框架简化为概念模型,即含水层由多个水文地质单元分隔,然后将含水层离散为 4 个模型层。第 1 层代表非承压含水层,模拟水位代表地下水位高度。第 2 层为承压含水层上部,包括最上层渗透带等,模拟水位为承压含水层上部地下水位的高度。第 3 层代表承压含水层的下部,包括白云岩带。第 4 层表示承压含水层的最低部分。地下水模型是准三维的,假定水平流动只发生在含水层内,垂直流动只发生在封闭单元内。弱透水层和隔水层作为隔水单元,在上、下含水层之间垂直传输水流。值得注意的是,地下水补给为 1~2 层垂直向下流动。当第 1 层水位高于第 2 层时,地下水补给发生,水头差值为正。同样地,当水头差值为负时,地下水排放发生(泉水外溢)。

假定研究区域在地下水抽取、土地覆盖和土地利用方面没有发生重大变化,地下水系统始终与气候变化和人类活动保持平衡,并假定 1995 年的气象和水文条件可以代表研究区域长期水文气象条件。因此,可以从 ECF 模型输出中提取地下水补给率和非承压含水层水位和承压含水层水头差的空间变化,并使用 ArcGIS 可视化模型输出。根据 ECF 模型的水平分辨率,以栅格文件格式显示,栅格间距均匀为 762 m×762 m。然后将 GIS 地图叠加在地下水补给率和非承压含水层水位和承压含水层水头差图上,显示所记录的地面塌陷的空间分布,收集并提取每个地面塌陷的地下水补给率和非承压含水层水位和承压含水层水头差的点值,进行分析。

8.4　地面塌陷与地下水补给率和水位差的关系

8.4.1　地面塌陷的发生与地下水补给率的关系

利用 ArcGIS 可视化 ECF 模型输出地下水补给率的空间变化,如图 8-8(a)所示。基于不同的地下水补给率,研究区域分为高补给区域(年平均地下水补给量大于 100 mm)、中补给区域(年平均地下水补给量大于 50 mm,小于 100 mm)、低补给区域(年平均地下水补给量大于 0 mm,小于 50 mm)和无补给区域(年平均地下水补给量小于等于 0)。分析结果表明,发现的地面塌陷百分比在高补给区域、中补给区域、低补给区域和无补给区域分别为 54.1%、22.1%、22.1% 和 1.7%。

为了更具体地揭示地面塌陷的发生与地下水补给率的关系之间的关系,研究区域根据地下水补给率进一步划分为 10 个类别,即 9 个地下水补给区域(第 1~9 区)和 1 个无地下水补给区域(第 0 区),详情见表 8-3。可以看出,地面塌陷最可能发生在第 2 地下水补给区域(其年平均地下水补给率在 25~50 mm 之间变化)。但是,应当指出,每一类区域的占地面积是不同的,地下水补给率高的地区只占地研究区的一小部分。为了"等效"每个类别的占地面积,以便进一步进行有意义的分析,在此引入"地面塌陷密度"一词。地面塌陷密度定义为某一特定区域内所记录的地面塌陷数目与该区域的占地面积之比。例如,第 2 地下水补给区域的占地面积为 1 520.8 km²,记录有 59 个地面塌陷,那么第 2 地下水补给区域的地面塌陷密度相应为每 100 km² 3.88 个。分析结果如表 8-3、图 8-8(b)所示。地面塌陷密度在第 0 地下水补给区域中最小,在第 8 地下水补给区域中最大。从地下水补给区域 0 到地下水补给区域 8,地面塌陷密度随补给速率的增加而增加。然而,在第 9 地下水补给区域中可以观察到地面塌陷密度明显下降。这一异常现象可能是由位于研究区西北部的 Ocala 国家森林由于地处偏远,发生的地面塌陷未被记录造成的。分析结果表明,地面塌陷密度与补给率呈线性关系,相关系数为 0.98。

表 8-3　地面塌陷的发生与地下水补给率的关系

Category	Covering Area [km²]	Recharge Rate [mm/yr]	No. of Sinkholes [-]	Sinkhole Density [No. per 100 km²]
0	5 836	<0	6	0.10
1	5 398	0~25	36	0.67
2	1 521	25~50	59	3.88
3	954	50~75	52	5.45
4	724	75~100	45	6.22
5	624	100~125	57	9.13
6	381	125~150	39	10.24
7	351	150~175	44	12.53
8	223	175~200	29	13.01
9	543	>200	47	8.66
Total	16 554	—	414	—

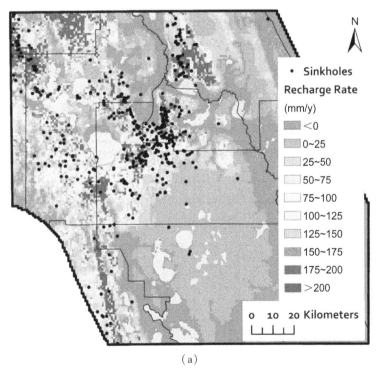

（a）

图 8-8　地面塌陷的发生与地下水补给率的关系

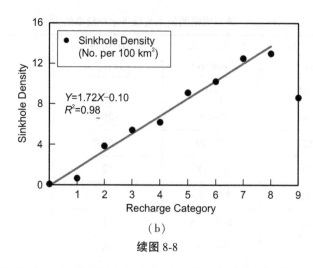

（b）

续图 8-8

8.4.2 地面塌陷的发生与非承压含水层和承压含水层水位差的关系

利用 ArcGIS 可视化 ECF 模型输出非承压含水层和承压含水层水位差的空间变化,如图 8-9(a)所示。水头差值为正值,说明非承压含水层水位高于承压含水层水位,地下水向下渗流。水头差值为负值,说明非承压含水层水位低于承压含水层水位,地下水向上渗流。

为了更具体地揭示地面塌陷的发生与非承压含水层和承压含水层水位差之间的关系,研究区域根据非承压含水层和承压含水层水位差进一步划分为 10 个类别,即 9 个水位差为正值的区域(第 1~9 区)和 1 个水位差为负值的区域(第 0 区),详情见表 8-4。如图 8-9(b)所示,地面塌陷密度在第 0 类中最小,在第 8 类中最大。从水位差为正值的区域 1 到水位差为正值的区域 8,地面塌陷密度随水位差的增大而增大。水位差为正值的区域 9 地面塌陷密度的显著下降可能是由在偏远地区发生的地面塌陷记录不完全造成的。从分析结果中拟合出一条直线,得到地面塌陷密度与水头差之间的线性关系,相关系数为 0.88。

表 8-4　地面塌陷的发生与非承压含水层和承压含水层水位差的关系

Category	Covering Area [km^2]	Head Difference [m]	No. of Sinkholes [-]	Sinkhole Density [No. per 100 km^2]
0	6 196	<0	6	0.10
1	3 320	0~2	39	1.17
2	1 867	2~4	68	3.64
3	1 456	4~6	61	4.19
4	1 335	6~8	75	5.62
5	1 119	8~10	48	4.29
6	674	10~12	52	7.71
7	300	12~14	37	12.33
8	139	14~16	21	15.07
9	148	>16	7	4.73
Total	16 554	—	414	—

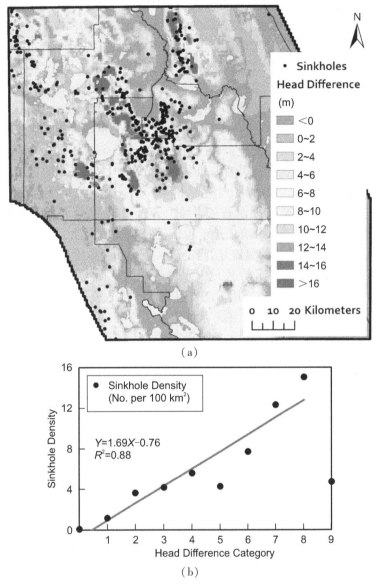

（a）

（b）

图 8-9　地面塌陷的发生与非承压含水层和承压含水层水位差的关系

8.4.3　讨论

本研究定量研究了地面塌陷空间分布与补给率/水头差空间变化的关系。结果表明，地面塌陷密度随补给速率和水头差的增大呈线性增长。在局部尺度上，地下水补给可以促进表层土壤的剥蚀和冲刷，使其进入碳酸盐岩孔隙。在这一过程中，由于表层土的损失，覆盖层材料的厚度变薄，阻力减小，滞留时间缩短，补给速率加快。地下水补给速率的增加会导致更多的地表土壤被破坏和侵蚀，最终导致地面塌陷的形成。

拟合相关系数为 0.98 和 0.88，线性关系拟合较好，说明地面塌陷密度与地下水补给率的相关性，以及地面塌陷密度与非承压含水层和承压含水层水位差的相关性均较好。

然而,这些发现存在一些局限性,主要是因为数据收集和分析方面存在不足。第一,并不是所有记录在美国佛罗里达州地质调查局的佛罗里达地面塌陷事件报告中的地面塌陷事件都被专业人士证实为"真实的"天坑。第二,佛罗里达地面塌陷事件报告是不完整的,某些发生在偏远地区的地面塌陷可能未被发现和报道。比如,一些发生在森林地区的地面塌陷(如佛罗里达州中部的奥卡拉国家森林)可能没有被发现,而一些发生在城市地区的地面塌陷可能在不通知美国佛罗里达州地质调查局的情况下单独被修复,因为人们担心地面塌陷的发生对财产价值产生负面影响。第三,ECF 模型可能无法代表确切的水文地质和地下水环境真实情况,尤其是在那些当地水文地质条件复杂的地区。虽然为了减少误差和不确定性,通常建议进行更精细的空间离散化,但是由于研究区域的占地面积非常大,为了保持合理的仿真计算时间,建模者不得不在一定程度上牺牲精度。此外,研究区碳酸盐岩基岩岩溶程度高,主要由石灰岩和白云岩组成,孔洞和地下排水通道相互连通,具有高渗透性和透水性。多孔介质地下水流动是缓慢的层流,可以被达西定律描述,而岩溶地区地下水流动是快速的湍流,达西定律并不适用。ECF 模型是使用较老版本的 MODFLOW 模拟的,指适用于多孔介质地下水流动的数值模拟。虽然 Scanlon 等(2003)认为较老版本的 MODFLOW 可以适用于高岩溶化含水层的数值模拟,但由于岩溶系统的复杂性,不能在局部尺度上准确模拟地下水的流向和流量。因此,高岩溶地区模拟补给速率和水头差可能与真实情况存在偏差,导致模拟结果不具有的代表性。

8.5　总结与结论

本书定量研究了地面塌陷的时间分布与降雨、地下水位的时间变化关系,以及地面塌陷的空间分布与地下水补给/水头差的空间变化关系。结果表明,局部尺度水头差在短时间内急剧增大(可能是暴雨和/或强抽水引起的),当水头差达到峰值并保持在峰值后,更容易出现地面塌陷。结果还表明,地面塌陷密度随补给率和水头差的增大呈线性增加,补给率和水头差越大,地面塌陷发生的频率越高。此外,对地面塌陷直径/长度和深度分布进行了分析,旨在确定必须跨越的最小距离和必须加固的最小土量。一般情况下,地面塌陷直径/长度和深度分布为对数正态分布,大多数地面塌陷的直径/长度和深度分别不大于 7 m 和 4 m。

地面塌陷的形成是一个更广泛的岩溶作用(在佛罗里达州已经发生了数千年)过程的一部分,某一地面塌陷的形成只是佛罗里达州漫长的地质演变中的一个小事件。目前,对佛罗里达州地面塌陷的研究还处于早期阶段。未来的研究将在时间和空间尺度上扩展,从地面塌陷发生的数百或数千年前开始研究,并把地面塌陷的研究区域扩展到整个佛罗里达州。

人们普遍认为,佛罗里达州是因地面塌陷灾害造成潜在财产损失风险最高的州。由于气候变化和城市化进程的推进,毋庸置疑,气候变化和人类活动将在未来"新"地面塌陷的诱发形成中发挥至关重要的作用。为了降低地面塌陷发生的概率,将其负面影响降到最低,更好地理解地面塌陷发生与局部尺度水文地质条件之间的关系,具有重要意义。研究结果可为水资源管理者和土地利用规划人员提供地面塌陷的相关知识及地面塌陷与局部尺度水文地质条件的关系的科学认识,并为地面塌陷风险评估和后续科学研究提供依据。

参 考 文 献

[1] Beck B F (1986) A generalized genetic framework for the development of sinkholes and Karst in Florida, U.S.A. Environ Geol Water S 8:5-18.

[2] Bengtsson T O (1987) The hydrologic effects from intense groundwater pumpage in east-central Hillsborough County, Florida. In Beck BF and Wilson WL Karst hydrogeology: Engineering and environmental applications.

[3] Brinkmann R (2013) Florida Sinkholes: Science and Policy. University Press of Florida, Gainesville, Florida.

[4] Brinkmann R, Parise M, Dye D (2008) Sinkhole distribution in a rapidly developing urban environment: Hillsborough County, Tampa Bay area, Florida. Eng Geol 99(3-4):169-184.

[5] Brinkmann R, Parise M (2009) The timing of sinkhole formation in Tampa and Orlando, Florida, Florida Geographer 41(41):22-38.

[6] Chen J (1993) Relationship of Karstification to Groundwater Quality: a study of sinkholes as contamination pathways in Brandon karst terrain. M.S. Thesis, University of South Florida.

[7] Faulkner J, Hu B X, Kish S, Hua F (2009) Laboratory analog and numerical study of groundwater flow and solute transport in a karst aquifer with conduit and matrix domains. J Contam Hydrol 110:34-44.

[8] Fleury E S, Carson S, Brinkmann R (2008) Testing reporting bias in the Florida Sinkhole Database: An analysis of sinkhole occurrences in the Tampa Metropolitan statistical area, Southeastern Geographer, 48 (1):38-52.

[9] Galloway D, Jones D R, Ingebritsen S E (1999) Land subsidence in the United States. U.S Geological Survey Circular 1182.

[10] Gray K M (2014) Central Florida sinkhole evaluation. Technical Publication, Florida Department of Transportation, District 5 Materials & Research.

[11] Gutierrez M (2013) Geomorphology. CRC Press.

[12] Harbaugh A W, McDonald M G (1996) User's documentation for MODFLOW-96-An update to the U.S. Geological Survey modular finite-difference groundwater flow model. Open-File Report 96-485. Reston, Virginia.

[13] Jammal S E (1982) The Winter Park sinkhole and Central Florida Sinkhole Type Subsidence. Geotechnical engineering report submitted to the city of Winter Park, FL.

[14] Kuniansky E L (2014) Taking the mystery out of mathematical model applications to karst aquifers-a primer, in Kuniansky EL and Spangler LE (eds), U.S. Geological Survey karst interest group proceedings, Carlsbad, New Mexico, April 29-May 2, 2014, 69-81p.

[15] Kuniansky E L, Bellino J C (2016) Tabulated transmissivity and storage properties of the Floridan and parts of Georgia, South Carolina, and Alabama (ver. 1.1, May 2016): U.S. Geological Survey Data Series 669, 37 p., http://pubs.usgs.gov/ds/669.

[16] Kuniansky E L, Bellino J C, Dixon J F (2012) Transmissivity of the Upper Floridan aquifer in Florida and parts of Georgia, South Carolina, and Alabama: U.S. Geological Survey Scientific Investigations Map

3204, 1 sheet, scale 1:100,000, available only at http://pubs.usgs.gov/sim/3204.

[17] Kuniansky E L, Halford K J, Shoemaker W B (2008) Permeameter data verify new turbulence process for MODFLOW, Groundwater, 46(5):768-771.

[18] Kuniansky E L, Weary D J, Kaufmann J E (2015) The current status of mapping karst areas and availability of public sinkhole-risk resources in karst terrains of the United States, Hydrogeol. J, 24(3): 613-624.

[19] Lindsey B D, Katz B G, Berndt M P, Ardis A F, Skach K A (2010) Relations between sinkhole density and anthropogenic contaminants in selected carbonate aquifers in the eastern Unites States. Environ Earth Sci 60:1073-1090.

[20] McGurk B, Presley P F (2002) Simulation of the Effects of Groundwater Withdrawals on the Floridan Aquifer System in East-Central Florida: Model Expansion and Revision. St. Johns River Water Management District Technical Publication, SJ2002-5.

[21] Miller J A (1986) Hydrogeologic framework of the Floridan aquifer system in Florida and in parts of Georgia, Alabama, and South Carolina. U.S. Geological Survey Professional Paper 1403-B.

[22] Newton J G (1987) Development of sinkholes resulting from man's activities in the Eastern United States. U.S. Geological Survey Circular No. 96854, Reston, Virginia.

[23] Rupert F, Spencer S (2004) Florida's sinkholes Poster 11. Florida Geological Survey, Florida Department of Environmental Protection, Tallahassee, Florida.

[24] Scanlon B R, Mace R E, Barrett M E, Smith B (2003) Can we simulate regional groundwater flow in a karst system using equivalent porous media models? Case study, Barton Springs Edwards aquifer, USA, J. Hydrol. 276:137-158.

[25] Schiffer D M (1996) Hydrology of central Florida lakes-a primer. U.S. Geological Survey open-file report 96-412, Tallahassee, Florida.

[26] Sepulveda N, Tiedeman C R, O'Reilly A M, Davis J B, Burger P (2012) Groundwater Flow and Water Budget in the Surficial and Floridan Aquifer Systems in East-Central Florida. U.S. Geological Survey Scientific Investigation Report 2012-5161.

[27] Shoemaker W B, Kuniansky E L, Birk S, Bauer S, Swain E D (2008) Documentation of a conduit flow process (CFP) for MODFLOW-2005: U. S. Geological Survey Techniques and Methods, Book 6, Chapter A24.

[28] Sinclair W C (1982) Sinkhole development resulting from ground-water development in the Tampa area, Florida. U.S. Geological Survey Water-Resources Investigations Report 81-50.

[29] Sinclair W C, Stewart J W (1985) Sinkhole type, development, and distribution in Florida. Map Series No. 110. Florida Department of Natural Resources, Bureau of Geology, Tallahassee, Florida.

[30] Sweeting M M (1973) Karst Landforms. Columbia University Press.

[31] Tibbals C H (1990) Hydrology of the Floridan aquifer system in east-central Florida-regional aquifer system analysis-Floridan aquifer system. U.S Geological Survey professional paper 1403-E.

[32] Tihansky A B (1999) Sinkholes, West-Central Florida. In Galloway D, Jones DR, Ingebritsen SE (ed) Land subsidence in the United States. U.S Geological Survey Circular 1182, pp 121-140.

[33] Waltham T, Bell F G, Gulshaw M (2005) Sinkholes and subsidence: Karst and cavernous rocks in engineering and construction. Springer-Praxis Books in Geophysical Sciences, Springer, Heidelberg, Germany.

[34] Williams L J, Kuniansky E L (2016) Revised hydrogeologic framework of the Floridan aquifer system in

Florida and parts of Georgia, Alabama, and South Carolina (ver. 1.1, March 2016): U.S. Geological Survey Professional Paper 1807, 140 p., 23 pls., http://dx.doi.org/10.3133/pp1807.

[35] Wilson W L, Beck B F (1992) Hydrogeologic factors affecting new sinkhole development in the Orlando area, Florida. Groundwater 30(6):918-930.

[36] Wilson W L, McDonald K M, Barfus B L, Beck B F (1987) Hydrogeologic factors associated with recent sinkhole development in the Orlando area, Florida. Florida Sinkhole Research Institute, University of Central Florida, Orlando, Report No. 87-88-3.

[37] Wilson W L, Shock E J (1996) New sinkhole data spreadsheet manual (v1.1). Subsurface Evaluations, Winter Springs, FL.

[38] Zhou Y, Li W (2011) A review of regional groundwater flow modeling. Geoscience Frontiers 2(2): 205-214.

第9章 评估降雨、地下水补给和非承压－承压含水层水位差对美国佛罗里达州中部地面塌陷发育的影响

由于可溶性基岩(碳酸盐或白云岩)被酸性地下水腐蚀溶解,表层土壤会逐渐下沉或突然坍塌,形成地面塌陷。地面塌陷在美国广泛分布于佛罗里达州中部岩溶地区,并被公认为是威胁人类生命和破坏基础设施的主要地质灾害。地面塌陷的发生与当地的水文地质条件有关,如降雨、地下水补给和非承压－承压含水层水位差。历史数据显示,在雨季开始时地面塌陷更容易发生且发生频率具有季节性周期变化。在这项研究中,选择易受地面塌陷危害的佛罗里达州中东部地区作为研究区域,详细分析水文气象条件和水文地质条件,以量化降雨、地下水补给和非承压－承压含水层水位差对佛罗里达州中部地面塌陷发展的影响,重点是量化其对地面塌陷发生的时间的影响。结果表明,暴雨和短时间内水位差的迅速增大是影响地面塌陷发生时间的主要因素,地下水补给率的空间变化可以用来生成地面塌陷敏感度区划图,作为某一地区地面塌陷发育可能性的有用指标。本研究提出,在地下水开采时,应注意合理设定地下水开采量,精心选择地下水抽水的起始时间。在遭受暴雨/风暴袭击后地下水开采活动应暂停,以减少发生地面塌陷的可能性。

9.1 研究内容简介

地面塌陷是一种常见的由可溶性基岩(碳酸盐或白云岩)被酸性地下水腐蚀溶解而引起表层土壤逐渐下沉或突然坍塌所自然形成的地质灾害。在佛罗里达州,地面塌陷理论是由 Beck(1986)和 Waltham 等(2005)提出和发展的,认为碳酸岩和白云岩基岩的溶解是主要原因。岩溶地貌的形成和发展,是渗透的弱酸性雨水通过上覆黏土沉积物缓慢补给或通过裂缝和充满沙子的管道迅速补给碳酸盐基岩造成的。碳酸盐岩基岩顶部的可溶性石灰岩和白云岩在地质时间尺度上溶解,并极其缓慢地被冲刷(大约几毫米每千年),形成小空洞/空洞。随着时间的推移,小空洞/空洞变大,上覆的表层土壤向下移动以填充空洞/空隙,导致从上覆的表层土壤底部开始向上扩散/侵蚀土壤颗粒。随着时间的推移,扩大的空腔/空隙聚结并变得水力互连,增加了局部地下水流量和空腔/空隙生长速率。最终,当表面土壤由于压实的损失而落入地下空腔/空隙中时发生地面塌陷现象。在佛罗里达州,检测到的地面塌陷主要根据上覆沉积物的成分、物理特征和厚度,分为溶蚀地面塌陷、覆盖塌陷地面塌陷和覆盖沉降地面塌陷(Sinclair 和 Stewart,1985)。溶蚀地面塌陷和覆盖沉降地面塌陷影响相对是微不足道的,因为它们的影响可能是不明显的;而覆盖塌陷地面塌陷的影响通常是灾难性的,因为它们通常在没有警告的情况下突然发生。虽然

地面塌陷的发生(特别是覆盖塌陷地面塌陷)可能只需要很短的时间,但是其形成过程却是一个复杂的地质过程,是佛罗里达州数千年来发生的更广泛的岩溶过程的一部分(Brinkmann,2013)。因此,在更广泛的岩溶过程中,地面塌陷的发生只是一个小事件。地面塌陷是自然形成的地质灾害,然而近些年来,由于气候变化(如暴雨、长期干旱)和人类活动(如地下水过度开采、土地利用变化),佛罗里达州中部岩溶地区地面塌陷的数量快速增加。Tihansky(1999)对佛罗里达州的气候和人类活动的影响因素进行了综述和总结,认为诸如暴雨和长期干旱等气候因素,以及地下水抽水、城市化(土地利用变化)、地表蓄水、钻井和采矿等人类活动,可以在改变水文地质条件和触发地面塌陷方面发挥关键作用,在相对较短的时间内造成地面塌陷的发生。大规模抽取地下水和长时间的干旱会降低地下水位,并导致石灰岩含水层的流体压力大量损失,并且土地利用变化(如建造用于管理地表水径流和废水排放的滞留池)可能会增大表层土壤重力。因此,在强降雨期间和之后,地表土壤上的应力突然增加,同时石灰岩含水层失去浮力支撑,发生地面塌陷的概率大大增加。

地面塌陷广泛分布在佛罗里达喀斯特地貌中(Rupert 和 Spencer,2004;Gray,2014)。地面塌陷可能对建筑物、道路、桥梁、输电线路和管道造成财产损失和结构问题;并且可能导致环境问题,例如地下水水质恶化,因为地面塌陷可能会将受污染的地表水直接输送到地下水含水层(Chen,1993;Lindsey 等,2010);地面塌陷也可以通过收集降雨和地表径流来创造新的湿地和湖泊。自 20 世纪 50 年代以来,人口稠密的城市和农村地区地面塌陷情况的发现和报告迅速增加,人们已经认识到地面塌陷是人类生命和财产遭受破坏的主要地质灾害,导致社会遭受巨大的经济损失(Wilson 和 Shock,1996;Brinkmann 等,2008;Kuniansky 等,2015)。佛罗里达州保险监管局 2010 年报告称,2006~2010 年间,保险公司在佛罗里达州收到了 24 671 起地面塌陷损坏索赔,总计约 14 亿美元,每年约 2.8 亿美元。

在佛罗里达州中部岩溶区中,地面塌陷空间上分布不均匀,因为有些地区有相当数量的地面塌陷,而有些地区却没有,且地面塌陷的发生频率具有季节性变化(Gray,2014)。Jammal(1982)评估了佛罗里达州 Winter Park 市发生地面塌陷的季节性,发现大多数地面塌陷发生在 5 月和 6 月,当时地下水位通常处于年度最低点。Wilson 等(1987)研究了佛罗里达州奥兰多附近的地面塌陷相关的水文地质因素,并指出地面塌陷的发生是由地下水流和机械应力的变化和传播,其季节性是由水文地质条件的季节性变化及由气候和人类活动的季节性变化引起的,如降水和地下水抽水的周期性季节性变化。Wilson 和 Beck(1992)研究了在佛罗里达州大奥兰多地区新发现的地面塌陷的季节性,并指出地下水通过它们之间的限制单元和水力头差异从上覆的非承压含水层补充到下面的承压含水层。非承压水层的地下水位与承压含水层的水位之间的差异对于地面塌陷的发生至关重要。在雨季(5 月和 6 月)开始时,地下水位和水位差都降至年度最低点。在强降雨期间和之后,非承压含水层的响应很快,地下水位可以在相对较短的时间内迅速上升,而承压含水层的响应速度要慢得多,水位可能在一段时间内保持不变,然后逐渐开始上升。非承压含水层地下水位的快速上升产生了快速增加的重量,而不变或缓慢上升的承压含水层仍然提供近乎恒定的浮力支撑,导致地面塌陷发生的可能性增加,因为向下的力和向上的浮力不是"平衡的"。在旱季(11月和12月)开始时,地下水位恢复到其年度最高点并提供稳固的浮力支撑,导致地面塌陷发生的可能性较低。Brinkmann和Parise(2009)研究了美国佛罗里达州坦帕和奥兰多每月发生的地面塌陷频率与月降雨量之间的关系,并提到了地面塌陷发生的频率随着降雨量的增加而增加。Gutiérrez等(2014)总结了可能导致地面塌陷发育的自然和人为因素,指出增加了表层土壤的水分含量(主要是由于降雨和灌溉)和地下水位下降(主要是由于含水层开采和与采矿有关的脱水)是可能造成地面塌陷发生的主要因素。Xiao等(2016)研究发现,在地下水补给率较高的地区,地面塌陷的空间密度较高。

如上文所述,地面塌陷的发展在佛罗里达州中部造成了严重的经济损失,未来发生灾难性破坏的可能性可能会增加。从灾害和工程的角度来看,地面塌陷发展,特别是其发生的时间,是非常重要的。因此,本研究的目的是进一步量化降雨、地下水向下渗漏(地下水流)的影响。这项研究的结果为交通和水资源方面的专家提供了一个科学的认识,以了解覆盖塌陷和覆盖沉降的塌陷(特别是它们发生的时间)主要的水文地质影响因素,并有助于正在进行的研究。简而言之,以下文字中的"塌陷"一词是指佛罗里达州中部发现的地面塌陷事件。

地面塌陷的发展在佛罗里达州中部造成了严重的经济损失,严重威胁人类生命财产安全。从灾害工程的角度来看,岩溶地面塌陷的发展特别是其发生的时间,是非常重要的。从以往的研究来看,降雨、地下水补给和非承压−承压含水层之间的水位差是导致地面塌陷发生的关键的影响因素,它们的季节变化对于地面塌陷发生的季节性至关重要。因此,本研究的重点是进一步量化降雨量、地下水补给量与非承压含水层和承压含水层之间的水头差异对地面塌陷的发生时间的影响。这项研究的结果揭示了佛罗里达州中部岩溶地区水文气象和水位地质条件对地面塌陷发生时间的影响,并有助于正在进行的评估佛罗里达州地面塌陷的风险的研究。

9.2   方法和数据

9.2.1   研究区内的地面塌陷事件

佛罗里达州中部的地面塌陷事件是通过实地调查和地貌测绘,结合当地居民调查和历史来源的记录确定的。佛罗里达州地质调查局建立了一个可下载的地面塌陷数据库,详细记录了1950~2014年发生在全州范围内的塌陷事件(最后更新到2014年11月10日),名为佛罗里达州地质调查局地面塌陷事件报告。数据库内大部分地面塌陷事件已经被地质学家认定为真正的地面塌陷事件,小部分的地面塌陷事件尚未被验证,漏报事件依然存在。由于向佛罗里达州地质调查局报告地面塌陷事件是自愿的,因此研究区域中发生的地面塌陷可能存在不足,有些地面塌陷可能会被填充,并且可能会被单独修复而不会通知佛罗里达州地质调查局,因为担心发生过地面塌陷会对土地价值产生负面影响。

尽管如此,佛罗里达州地质调查局地面塌陷数据库被证明是有效的(Fleury 等,2008)。

地面塌陷数据库中,有完整记录的地面塌陷事件(如准确的位置、形状和尺寸、发生时间、覆盖层土壤性质、触发因素等)的空间分布如图9-1所示。选择作为研究区域的是佛罗里达州中东部地区(如图9-1所示),包括 Orange 和 Seminole 县,大部分 Brevard、Lake 和 Osceola 县,以及部分 Marion、Polk、Sumter 和 Volusia 县。从西向东,地表高程从大于60 m(NAVD 88)逐渐降低到海平面高度。地表水体包括河流及其支流、湖泊/水库、沼泽/湿地、沿海潟湖和海洋。高地主要由排水良好的沙质土壤覆盖,其特点是发育良好的岩溶地貌,由许多喀斯特地貌构成。

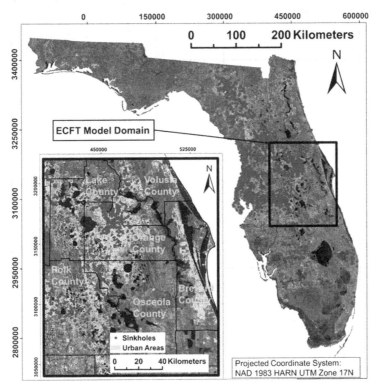

图 9-1   研究区地理位置和地面塌陷事件的空间分布

9.2.2   水文气象条件

佛罗里达州中东部属于湿润的亚热带地区,气候夏季炎热潮湿,冬天温和干燥,雨季从5~10月,旱季在11月(Mailander,1990)。平均最低温度1月为10 ℃,8月为22 ℃,平均最高温度1月为22 ℃,7月为33 ℃。年降雨量为848~2 075 mm,年平均降雨量为1 366 mm,年平均蒸散量为760~1 200 mm(Schmalzer 等,2000;Tibbals,1990)。

9.2.3   水文地质条件

研究区水文地层单元由上至下依次为地表含水层系统(Surficial Aquifer Systems)、弱透水层系统(Intermediate Confining Unit)、承压含水层系统(Floridan Aquifer System)和隔

水层(Lower Confining Unit)。根据 Schmalzer 和 Hinkle (1990)的描述,各水文地层单元的特征如表 9-1 和图 9-2 所示。

表 9-1　各水文地层单元的特征情况

Geologic age	Composition		Hydro-stratigraphic unit	Thickness (m)	Lithological character	Water-bearing property
Holocene and Pleistocene	Holocene and Pleistocene deposits		Surficial aquifer system	0~33	Fine to medium sand, sandy coquina and sandy shell marl	Low permeability, yields small quantity of water
Pliocene	Pliocene and upper Miocene deposits		Intermediate confining unit	6~27	Gray sandy shell marl, green clay, fine sand and silty shell	Very low permeability
Miocene	Hawthorn Formation			3~90	Sandy marl, clay, phosphorite, sandy limestone	General low permeability, yields small quantity of water
Eocene	Ocala Group	Crystal River Formation	Floridan aquifer system	0~30	Porous coquina in soft and chalky marine limestone	General very high permeability, yields large quantity of artesian water
		Williston Formation		3~15	Soft granular marine limestone	
		Inglis Formation		>21	Coarse granular limestone	
	Avon Park Formation			>87	Dense chalky limestone and hard, porous, crystalline dolomite	
Paleocene	Cedar Keys Formation		Lower confining unit	—	Interbedded carbonate rocks and evaporites	Very low permeability

　　承压含水层系统(Floridan Aquifer System)是一个大型含水层,一般厚度大于 600 m,大多具有很高的渗透性和透水性。一般而言,承压含水层系统受上覆弱透水层及下覆隔水层所限制。在大多数地方,承压含水层系统的水位高于地表含水层系统的地下水位,导致地下水从承压含水层向上渗透到地表含水层,从而为盐分向上运移创造了通道。然而,由于上覆弱透水层渗透率较低,因此向上渗透量相对较小。另外,由于下覆隔水层渗透率极低,通过隔水层的向下渗透非常小。沿海地区从承压含水层中泵出的地下水矿化度较高,这极大地限制了承压含水层地下水的开发利用。内陆地区承压含水层透水性高,是农业、工业和市政用途的淡水供应的主要来源,主要是因为碳酸盐岩基岩的溶解和次生孔隙度和岩溶特征的发展。承压含水层由相对较厚的第三纪时期的碳酸盐岩组成,包括连续

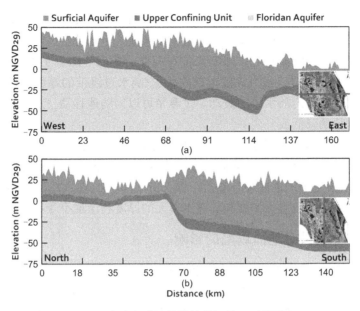

图 9-2 各水文地层单元的特征情况(剖面图)

的相互连接的石灰岩和具有高渗透性的白云岩。承压含水层由上、下承压含水层组成,由几个限制和半限制单元分隔。上部承压含水层的顶部是弱透水层。上部承压含水层包括由 Suwannee 渗透区(如果存在)组成的渗透区和最上层的渗透区(包括顶部之间的所有渗透区),具有互层低渗透性石灰岩,白云质灰岩和白云岩的海绵状白云岩结构,其中存在裂缝系统和海绵带,产生可渗透的区域。上部承压含水层的底部由承压含水层中间部分的两个复合单元标记。这两个复合单元是 Lisbon-Avon Park 复合单元和 Middle Avon Park 复合单元。Lisbon-Avon Park 复合单元主要由细粒碳酸盐岩和低渗透碎屑岩约束层组成;Middle Avon Park 复合单元由含蒸发岩的岩石和地层等效的非含蒸发岩的碳酸盐岩单元组成。复合单元的厚度和渗透率控制上、下承压含水层之间的地下水交换速率。较低的承压含水层由 Middle Avon Park 复合单元下方的所有可渗透和较不可渗透的区域组成,包括 Avon Park 的最下部,较低的 Avon Park 渗透区和 Oldsmar 渗透区。下部承压含水层的底部是由 Cedar Keys Formation 组成的下部限制单元。承压含水层的厚度(定义为覆盖的弱透水层和隔水层之间的所有岩石)从 600 m 向南逐渐增加到 750 m。在大多数地方,承压含水层受到覆盖的弱透水层的限制。然而,在弱透水层很薄或不存在的地区,承压含水层可以无限制地与地表含水层进行水力交换。由于高度异质性和各向异性,根据局部水文地质条件,透水率在 500~100 000 m²/d 之间变化。当非承压含水层水位高于承压含水层时,地下水向下渗流。在承压含水层的大部分范围内存在岩溶特征,包括裂缝、地下暗河和泉,导致承压含水层成为具有相对高透水率的高产含水层(Williams 和 Kuniansky,2016)。岩溶作用和封闭程度是区域地下水流动的关键控制因素。一般而言,在承压含水层不承压或轻度承压的区域,透水率较高,因为渗透的弱酸性雨水很容易向下移动,并溶解碳酸盐基岩(Kuniansky,2012)。在承压含水层高度承压的情况下,情况恰恰相反。

地表含水层以上界为地下水位,下界为弱透水层顶部,主要由中-低渗透全新世和更新世细砂、贝壳灰岩、粉砂、贝壳、泥灰岩等沉积物组成。主要补给区位于卡纳维拉尔角岛和东梅里特岛相对较高的沙脊上。地下水位在雨季后期(9~10月)升至最高点,在旱季后期(3~4月)降至最低点。沿海地区形成的咸水/淡水过渡带的厚度和迁移主要取决于水文地质环境的特征和内陆水位的波动。过渡带可以向陆地移动,也可以向海洋移动,与之相对应的是水位的降低或升高。

在佛罗里达州中部的大部分地区,非承压含水层的地下水位高于承压含水层的地下水位,而地下水水头的差异可以造成向下的水力梯度。向下的水力梯度引起地下水向下渗流,可以促进地表土壤的侵蚀和碳酸盐溶蚀,并产生空洞,导致地面塌陷。地下水向下渗流速率主要取决于下向水力梯度和弱透水单元的厚度和渗透率等特性。

9.2.4 地下水补给量对地面塌陷的影响

在过去的几十年中,由于缺少调查,实测数据不足,量化地下水补给速率及非承压含水层地下水位和承压含水层地下水位之间的水头差异具有高度不确定性。如今,随着计算机技术和地下水建模和数值模拟代码的快速发展,使用地下水模型进行模拟和预测地下水补给速率与非承压含水层地下水位和承压含水层地下水位之间的水头差异,应用非常广泛(Zhou 和 Li,2011)。

研究区已开发了两个区域尺度的地下水模型,包括 ECF 模型(McGurk 和 Presley,2002)和 ECFT 模型(Sepulveda 等,2012)。在时间离散上,ECF 模型模拟稳态地下水流场,而 ECFT 模型模拟非稳态地下水流场(从 1995 年到 2006 年的 144 个月地下水位和地表水/地下水相互作用的月际变化)。本研究选取 ECFT 模型的模拟结果,即模拟的地下水平均补给率的季节性变化与非承压含水层水位和承压含水层水位的差值的季节性变化用于进一步分析。ECFT 模型的简要描述如下。

ECFT 模型使用 MODFLOW-2005 有限差分计算机代码(Harbaugh 和 McDonald,2005)模拟了从 1995 年 1 月至 2006 年 12 月(144 个月)非稳态水文条件下的研究区地下水非承压含水层和承压含水层平均水位、补给速率、地下水流速、泉水排放和河流湖泊的排泄等季节性变化情况。在研究区域内,将复杂的水文地质框架简化为概念模型,即含水层由多个水文地质单元分隔,然后将含水层离散为 7 个模型层。第 1 层代表非承压含水层,模拟水位代表地下水位高度。第 2~7 层为承压含水层和其中若干个弱透水层。地下水模型是三维模型,弱透水层和隔水层作为隔水单元,在上下含水层之间传输地下水流。值得注意的是,地下水补给为 1~2 层垂直向下流动。当第 1 层水位高于第 2 层时,地下水补给发生,水头差值为正。同样地,当水头差值为负时,地下水排放发生(泉水外溢)。ECFT 模型输出中提取地下水补给率与非承压含水层水位和承压含水层水头差的时空变化,并使用 ArcGIS 可视化模型输出。ECFT 模型的水平分辨率以栅格文件格式显示,栅格间距均匀为 381 m×381 m。然后将 GIS 地图叠加在地下水补给率与非承压含水层水位和承压含水层水头差图上,显示所记录的地面塌陷的空间分布,收集并提取每个地面塌陷的地下水补给率与非承压含水层水位和承压含水层水头差的点值,进行分析。

利用 ArcGIS 可视化 ECFT 模型输出地下水补给率的空间变化,如图 9-3 所示。基于不同的地下水补给率,研究区域分为 9 个子区域,每个区域内的地面塌陷密度被计算。地面塌陷密度与地下水补给量的定量关系如图 9-4 所示。

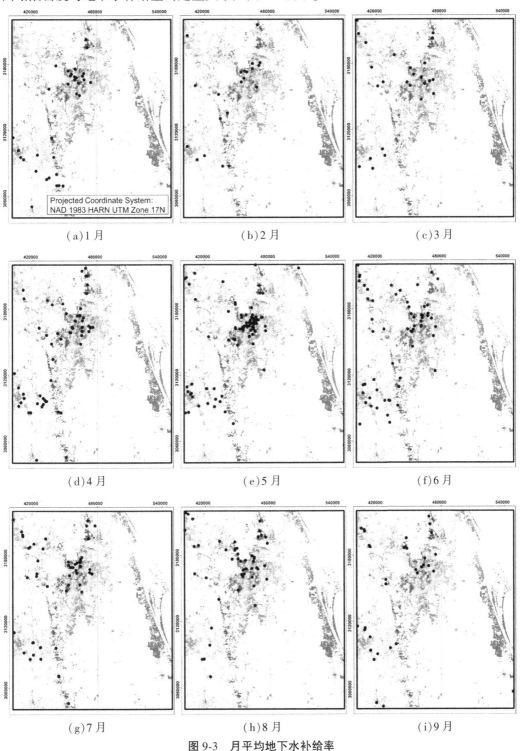

图 9-3 月平均地下水补给率

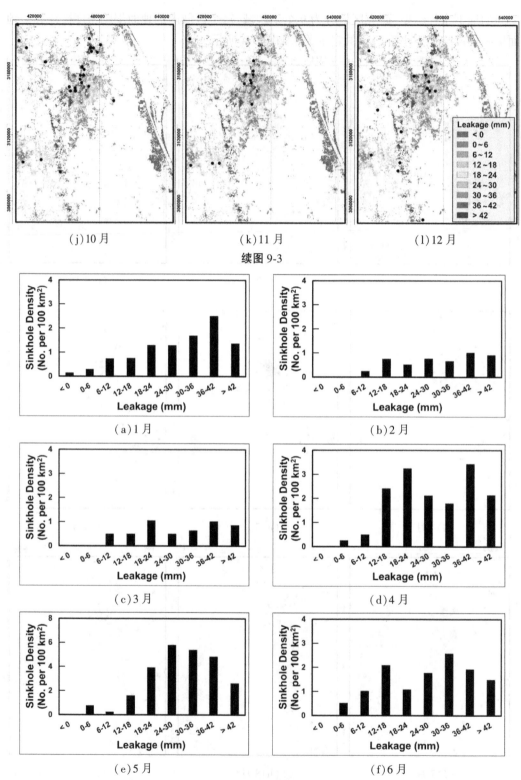

(j)10月   (k)11月   (l)12月

续图 9-3

(a)1月   (b)2月

(c)3月   (d)4月

(e)5月   (f)6月

图 9-4 地面塌陷的发生与月平均地下水补给率的关系

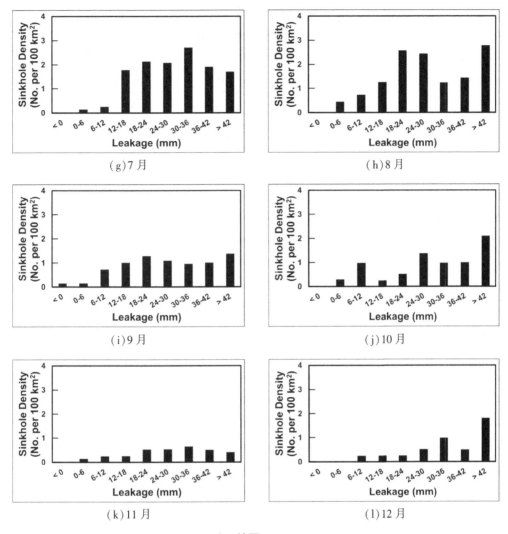

(g)7 月

(h)8 月

(i)9 月

(j)10 月

(k)11 月

(l)12 月

续图 9-4

9.2.5 降水、非承压含水层和承压含水层之间的水头差异对地面塌陷的影响

在下面的分析中,使用从 South Florida Water Management District,Southwest Florida Water Management District 和 St. Johns River Water Management District 记录的水文数据,研究观测到的地面塌陷的时间分布与降水、非承压含水层和承压含水层之间的水头差异的时间变化之间的关系。雨量计和观测井的地理位置如图 9-5 所示。

选择用于进一步研究的地面塌陷必须满足两个要求。首先,至少有一个雨量计和一对地下水监测井(一个测量非承压含水层地下水位,另一个测量承压含水层地下水位)位于半径为 2 km 的范围内,以便记录的降水和地下水水头数据具有代表性。其次,降水和地下水位的记录至少比地面塌陷发生日期早 3 年,而且连续不断,没有明显的间隙,因此可以评估地面塌陷发生前的水文/水文地质条件。根据这两个要求,选取 10 个地面塌陷作为"目标"塌陷事件(如表 9-2 和图 9-5 所示)。注意,地面塌陷 3、4、5、6 位置相邻,但发生时间不同,因此降水和地下水位数据均来自同一雨量计和地下水监测井。

表9-2　"目标"地面塌陷的详细信息

Sinkhole ID	1	2	3	4	5
FGS Database ID	16-857	16-851	10-1021	10-1061	10-1069
Occurrence Date (Month/day/year)	01/13/2010	01/11/2011	01/11/2010	04/30/2010	03/30/2011
Latitude (°N)	27.748 6	27.750 2	27.966 96	27.964 44	27.964 44
Longitude (°W)	81.525 5	81.585 5	82.153 13	82.159 32	82.159 32

Rain Gauge ID	1	2	3	4	5
SJRWMD Database ID	—	—	—	—	—
SWFWMD Database ID	25155	25156	18173	18173	18173
Available Data	1987~2017	1986~2017	2000~2017	2000~2017	2000~2017

Observation Well ID	1	1′	2	2′	3	3′	4	4′	5	5′
SJRWMD Database ID	—	—	—	—	—	—	—	—	—	—
SWFWMD Database ID	23841	23840	23844	23845	18018	18019	18018	18019	18018	18019
Water Table	Yes	—	Yes	—	Yes	—	Yes	—	Yes	—
Potentiometric Level	—	Yes	—	Yes	—	Yes	—	Yes	—	Yes
Available Data	1986~2017	1992~2017	1990~2017	1996~2017	1993~2017	1993~2017	1993~2017	1993~2017	1993~2017	1993~2017

Sinkhole ID	6	7	8	9	10
FGS Database ID	10-1099	10-1055	79-043	14-033	77-050
Occurrence Date (Month/day/year)	05/07/2014	01/11/2010	08/17/2005	02/20/2003	06/07/2000
Latitude (°N)	27.963 904	28.003 26	29.134 72	28.325	28.688 33
Longitude (°W)	82.161 321	82.223 42	81.352 5	82.481 94	81.336 67

Rain Gauge ID	6	7	8	9	10
SJRWMD Database ID	—	—	22752279	—	02381308
SWFWMD Database ID	18173	18298	—	20442	—
Available Data	2000~2017	1992~2017	1993~2017	1986~2017	1994~2009

Observation Well ID	6	6′	7	7′	8	8′	9	9′	10	10′
SJRWMD Database ID	—	—	—	—	V1028	V1030	—	—	S1015	S1016
SWFWMD Database ID	18018	18019	18798	18796	—	—	20423	20425	—	—
Water Table	Yes	—	Yes	—	Yes	—	Yes	—	Yes	—
Potentiometric Level	—	Yes	—	Yes	—	Yes	—	Yes	—	Yes
Available Data	1993~2017	1993~2017	1990~2017	1990~2017	1994~2017	1994~2017	1997~2017	1997~2017	1994~2009	1994~2017

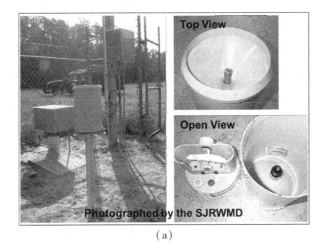

（a）

（b）

图 9-5　雨量计、地下水观测井和"目标"地面塌陷的地理位置

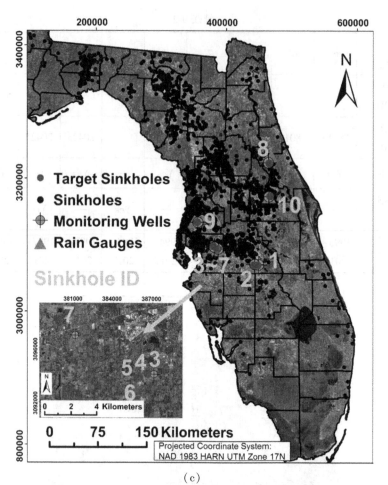

（c）

续图 9-5

　　为了进一步量化降水和地下水水头差对佛罗里达州中部地面塌陷发生时间的耦合影响,本书引入了降水指数和水头差变化指数两个地面塌陷危害指标的概念和计算方法。降水指数用于表示降水对地面塌陷发生时间的影响,水头差变化指数用于表示地下水水头差异对地面塌陷发生时间的影响。高降水指数值表示降水的影响更显著,高水头差变化指数值表示水头差的影响更显著。计算"目标"地面塌陷的降水指数值与非承压含水层和承压含水层之间的水头差异变化指数值的方法是相同的,每天的降水量与非承压含水层和承压含水层之间的水头差异数据至少比地面塌陷发生日期早 3 年收集。

9.3　结果与讨论

9.3.1　地面塌陷的发生与地下水补给率的关系

　　利用 ArcGIS 可视化 ECFT 模型输出地下水补给率的时空变化,如图 9-3 所示。可以看出,在地下水补给率较低的月份(旱季),地面塌陷密度较低,即地面塌陷发生的概率较低;反之,在地下水补给率较高的月份(雨季),地面塌陷密度较高,即地面塌陷发生的概率较大。

9.3.2 地面塌陷的发生与非承压含水层和承压含水层水位差的关系

地面塌陷1、2、3、4、5、6、7、8、9、10发生前水文/水文地质条件(降水量、地下水位变化量)如图9-6所示。从图9-6可以看出,地面塌陷4、5、6、8、9发生在一次或几次强降水/暴雨之后,说明影响地面塌陷发生时间的主要因子可能是强降水/暴雨。在风暴和暴雨事件后,非承压含水层的反应是迅速的,暴雨会造成其地下水位迅速上涨(地表主要由渗透性较好的砂质沉积物组成,雨水可快速渗透),而承压含水层的反应缓慢,暴雨几乎不会造成其地下水位快速上涨;反之,其地下水位几乎保持不变。雨水大量渗透表层土壤可导致覆盖层沉积物的重量增加;降低覆盖层沉积物的机械强度和承载能力;加速内部侵蚀过程,从而导致地面塌陷的发生。

从图9-6中可以看出,地面塌陷1、2、3、7、10发生在水头差在较短时间内显著增大后达到峰值时,说明影响地面塌陷发生时间的主要因素可能是水头差的迅速增大。非承压含水层和承压含水层水头差的迅速增加往往是由深层地下水位在相对较短的时间内迅速下降造成的,也极有可能是由开始抽取地下水或采矿排水造成的。承压含水层水位的迅速下降可能导致承压含水层的流体浮力支撑迅速丧失;覆盖层沉积物有效重量迅速增加;向下的缓慢渗透流被更快速向下的地下渗流取代,加速地表土壤的侵蚀和基岩溶蚀,从而导致地面塌陷的发生。因此,在佛罗里达州中部地区,应合理设置地下水开采和采矿排水的速率,谨慎选择地下水开采和采矿排水的起始时间。另外,在大雨/风暴过后,有关地下水开采和采矿排水的活动应暂停,以减少地面塌陷发生的可能性。

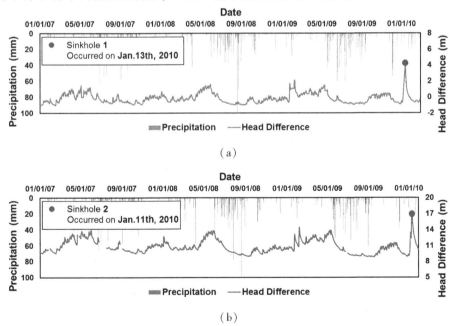

图9-6 地面塌陷发生前水文/水文地质条件(降水量、地下水位变化量)的变化

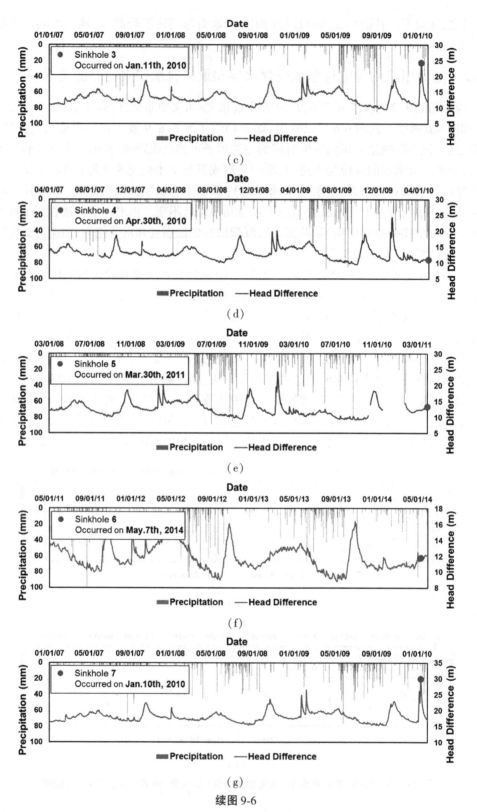

续图 9-6

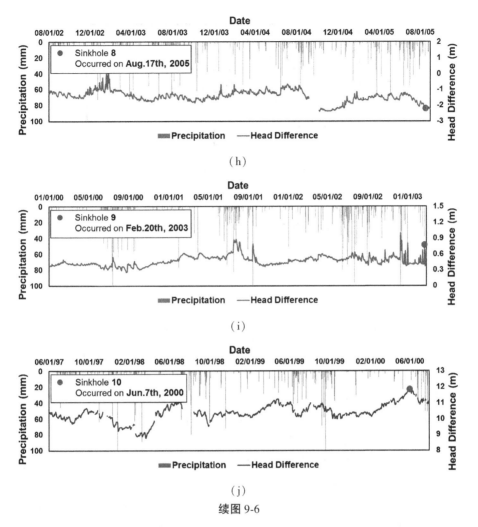

续图 9-6

　　如前所述,本书引入了降水指数和水头差变化指数两个地面塌陷危害指标的概念,降水指数用于表示降水对地面塌陷发生时间的影响,水头差变化指数用于表示地下水水头差异对地面塌陷发生时间的影响,以进一步量化降水和地下水水头差异对佛罗里达州中部地面塌陷发生时间的耦合影响。10 个地面塌陷处的降水指数和水头差变化指数被分别计算,并绘制于图 9-7,可以发现这些数据点可以用对数拟合的方法拟合,拟合系数约为 0.85。

　　从图 9-7 中可以看出,地面塌陷 4 和 8 的降水指数值相对较高,水头差变化指数值相对较低,说明降水的影响对地面塌陷的发生可能更为显著;也就是说,暴雨/风暴是影响地面塌陷 4 及 8 发生的主要因素。从图 9-7 中可以看出,地面塌陷 2 和 10 的降水指数值相对较低,水头差变化指数值相对较高,说明水头差的影响可能更为显著;也就是说,水头差的迅速增大是影响地面塌陷 2 和 10 发生的主要因素。从图 9-7 可以看出,地面塌陷 1、3、5、6、7、9 的降水指数和水头差变化指数值适中,说明降水的影响可能与水头差同样重要;也就是说,强降水/暴雨和水头差的迅速增大是影响地面塌陷 1、3、5、6、7、9 发生的主要因素。

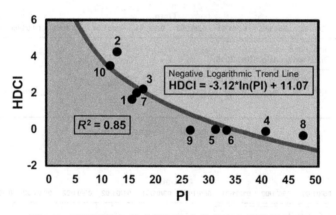

图 9-7　地面塌陷与降水指数和水头差变化指数的关系

9.4　讨　论

　　基于降水指数和水头差变化指数这两个概念,如图 9-7 所示的负对数趋势线可推导出相关经验关系式,应用于佛罗里达州中部地区地面塌陷的预测。第一步是收集连续降水和地下水位数据;第二步是计算相应的降水指数和水头差变化指数,并作为数据点标在图 9-7 上。如果数据点位于右下角附近,则强降水/暴雨对地面塌陷的影响较大;如果数据点位于左上角附近,则非承压含水层和承压含水层间的水位差的迅速增大对地面塌陷的影响较大;如果数据点位于中间位置,则强降水/暴雨与非承压含水层和承压含水层间的水位差的迅速增大都有助于地面塌陷的形成。此外,降水指数和水头差变化指数可以用来确定导致佛罗里达州中部发生地面塌陷的"临界条件"。如果天气预报能够预测某一地区的降水强度,则可以根据地下水水头来确定易发生地面塌陷的高风险区域。反之,如果某一地区的非承压含水层和承压含水层间的水位差由于开始抽取地下水和或采矿排水而发生变化,则可以判断易形成地面塌陷的临界降水强度。因此,可以在天气预报和地下水监测系统的基础上,建立佛罗里达州中部的地面塌陷预警系统。

　　值得注意的是,图 9-7 仅适用于美国佛罗里达州中部岩溶地区,可用于评估和预测地面塌陷的风险,因为用于绘制图 9-7 的降水指数和水头差变化指数是根据美国佛罗里达州中部岩溶地区的岩溶条件和水文/水文地质条件计算的。在其他岩溶地区,降水指数和水头差变化指数的计算结果和相关的负对数趋势线可能有所不同。在其他岩溶地区使用时,需要根据当地水文气象和水文地质条件,具体分析当地岩溶情况,计算出当地的降水指数和水头差变化指数,绘制当地的地面塌陷与降水指数和水头差变化指数的关系图,用于评估和预测当地地面塌陷的发生风险。

9.5　总结与结论

　　在本研究中,定量评价了降水、地下水向下渗流、非承压含水层和承压含水层间的水位差对美国佛罗里达州中部岩溶地区地面塌陷发育的影响,重点研究了降水、地下水向下渗流、非承压含水层和承压含水层间的水位差对该地区地面塌陷发生时间的影响。结果表明:地下水向下渗流速率的空间变化的大小可以作为判断某一地区地面塌陷发育可能性的高低;强降水/暴雨和短时间内非承压含水层和承压含水层间的水位差迅速增大是影响地面塌陷发生时间的主要因素;根据连续的每日降水量及非承压含水层和承压含水层间的水位差数据计算出的降水指数和水头差变化指数,有助于确定地面塌陷的触发因素是大雨/风暴,还是地下水位差迅速增加。为减少美国佛罗里达州中部岩溶地区出现地面塌陷的可能性,强烈建议:避免在暴雨后立即从承压含水层大量抽水和或实施矿坑排水;暴雨后应尽快排水,蓄水池蓄水量不要过大;新开凿的地下水开采井投入使用时,初期开采量不要过大。本研究为了降低地面塌陷发生的概率,将其负面影响降到最低,更好地理解地面塌陷发生与局部尺度水文地质条件之间的关系,具有重要意义。研究结果可为水资源管理者和土地利用规划人员提供地面塌陷的相关知识及地面塌陷与局部尺度水文地质条件的关系的科学认识,并为地面塌陷风险评估和后续科学研究提供依据。

参 考 文 献

[1]Beck B F (1986) A generalized genetic framework for the development of sinkholes and karst in Florida, U.S.A. Environ Geol Water S 8:5-18.

[2]Beck B F (2005) Soil piping and sinkhole failures. In: Culver DC, White WB (Eds) Encyclopedia of Caves, Elsevier, New York, 523-528.

[3]Brinkmann R (2013) Florida Sinkholes: Science and Policy. University Press of Florida, Gainesville, Florida.

[4]Brinkmann R, Parise M (2009) The timing of sinkhole formation in Tampa and Orlando, Florida, Florida Geographer 41(41):22-38.

[5]Brinkmann R, Parise M, Dye D (2008) Sinkhole distribution in a rapidly developing urban environment: Hillsborough County, Tampa Bay area, Florida. Eng Geol 99(3-4):169-184.

[6]Chen J (1993) Relationship of Karstification to Groundwater Quality: a study of sinkholes as contamination pathways in Brandon karst terrain. M.S. Thesis, University of South Florida.

[7]Fleury E S, Carson S, Brinkmann R (2008) Testing reporting bias in the Florida Sinkhole Database: an analysis of sinkhole occurrences in the Tampa Metropolitan statistical area. Southeastern Geogr 48(1): 38-52.

[8]Ford D C, Williams P (2007) Karst hydrogeology and geomorphology. Wiley, Chichester.

[9]Gray K M (2014) Central Florida sinkhole evaluation. Technical Publication, Florida Department of Transportation, District 5 Materials & Research.

[10]Gutiérrez F, Cooper A H, Johnson K S (2008a) Identification, prediction and mitigation of sinkhole hazards in evaporite karst areas, Environ. Geol., 53:1007-1022.

[11]Gutiérrez F, Guerrero J, Lucha P (2008b) A genetic classification of sinkholes illustrated from evaporate paleokarst exposures in Spain, Environ. Geol., 53:993-1006.

[12]Gutiérrez F, Guerrero J, Lucha P (2008c) Quantitative sinkhole hazard assessment. A case study from the Ebro Valley evaporite alluvial karst (NE Spain), Nat. Hazards, 45:211-233.

[13]Gutiérrez F, Calaforra J M, Cardona F, Ortì F, Duran J, Garay P (2008d) Geological and environmental

implications of evaporite karst in Spain, Environ. Geol., 53:951-965.

[14] Gutiérrez F, Fabregat I, Roqué C, Carbonel D, Guerrero J, Garcia-Hermoso F, Zarroca M, Linares R (2016) Sinkholes and caves related to evaporite dissolution in a stratigraphically and structurally complex setting, Fluvia Valley, eastern Spanish Pyrenees. Geological, geomorphological and environmental implications, Geomorphology, 267:76-97.

[15] Gutiérrez F, Galve J P, Lucha P, Bonachea J, Jordá L, Jordá R (2009) Investigation of a large collapse sinkhole affecting a multi-storey building by means of geophysics and the trenching technique, Zaragoza city, NE Spain, Environ. Geol., 58:1107-1122.

[16] Gutiérrez F, Parise M, De Waele J, Jourde H (2014) A review on natural and human-induced geohazards and impacts in karst, Ear. Sci. Review, 138:61-88.

[17] Guzzetti F, Peruccacci S, Rossi M, Stark C P (2007) Rainfall thresholds for the initiation of landslides in central and southern Europe, Meteorol. Atmos. Phys., 98:239-267.

[18] Guzzetti F, Reichenbach P, Cardinali M, Galli M, Ardizzone F (2005) Probabilistic landslide hazard assessment at the basin scale, Geomorphology, 72:272-299.

[19] Jammal S E (1982) The Winter Park sinkhole and Central Florida Sinkhole Type Subsidence. Geotechnical engineering report submitted to the city of Winter Park, FL.

[20] Kuniansky E L, Bellino J C (2016) Tabulated transmissivity and storage properties of the Floridan and parts of Georgia, South Carolina, and Alabama (ver. 1.1, May 2016): U.S. Geological Survey Data Series 669, 37 p., http://pubs.usgs.gov/ds/669.

[21] Kuniansky E L, Bellino J C, Dixon J F (2012) Transmissivity of the Upper Floridan aquifer in Florida and parts of Georgia, South Carolina, and Alabama: U.S. Geological Survey Scientific Investigations Map 3204, 1 sheet, scale 1:100,000., http://pubs.usgs.gov/sim/3204.

[22] Kuniansky E L, Weary D J, Kaufmann J E (2015) The current status of mapping karst areas and availability of public sinkhole-risk resources in karst terrains of the United States, Hydrogeol. J, 24(3): 613-624.

[23] Linares R, Roque C, Gutierrez F, Zarroca M, Carbonel D, Bach J, Fabregat I (2017) The impact of droughts and climate change on sinkhole occurrence, a case study from the evaporate karst of the Fluvia Valley, NE Spain, Sci. Total Environ., 579:345-358.

[24] Lindsey B D, Katz B G, Berndt M P, Ardis A F, Skach K A (2010) Relations between sinkhole density and anthropogenic contaminants in selected carbonate aquifers in the eastern Unites States. Environ Earth Sci 60:1073-1090.

[25] Miller J A (1986) Hydrogeologic framework of the Floridan aquifer system in Florida and in parts of Georgia, Alabama, and South Carolina, U.S. Geological Survey Professional Paper 1403-BRupert F, Spencer S (2004) Florida's sinkholes Poster 11. Florida Geological Survey, Florida Department of Environmental Protection, Tallahassee, Florida.

[26] Reichenbach P, Rossi M, Malamud B D, Mihir M, Guzzetti F (2018) A review of statistically-based landslide susceptibility models, Earth Science Reviews, 180:60-91.

[27] Sepulveda N, Tiedeman C R, O'Reilly A M, Davis J B, Burger P (2012) Groundwater flow and water budget in the surficial and Floridan aquifer systems in east-central Florida. U.S. Geological Survey Scientific Investigation Report 2012-5161.

[28] Tihansky A B (1999) Sinkholes, West-Central Florida. In Galloway D, Jones DR, Ingebritsen SE (ed) Land subsidence in the United States. U.S Geological Survey Circular 1182, pp 121-140.

[29] Waltham T, Bell F G, Gulshaw M (2005) Sinkholes and subsidence: Karst and cavernous rocks in engineering and construction. Springer-Praxis Books in Geophysical Sciences, Springer, Heidelberg, Germany.

[30] Williams L J, Kuniansky E L (2016) Revised hydrogeologic framework of the Floridan aquifer system in Florida and parts of Georgia, Alabama, and South Carolina (ver. 1.1, March 2016): U.S. Geological Survey Professional Paper 1807, 23 pls. doi:10.3133/pp1807.

[31] Wilson W L, Beck B F (1992) Hydrogeologic factors affecting new sinkhole development in the Orlando area, Florida. Groundwater 30(6):918-930.

[32] Wilson W L, McDonald K M, Barfus B L, Beck B F (1987) Hydrogeologic factors associated with recent sinkhole development in the Orlando area, Florida. Florida Sinkhole Research Institute, University of Central Florida, Orlando, Report No. 87-88-3.

[33] White W B (1988) Geomorphology and hydrology of karst terrains, Oxford, Oxford University Press.

[34] Xiao H, Kim Y J, Nam B H, Wang D (2016) Investigation of the impacts of local-scale hydrogeologic conditions on sinkhole occurrence in East-Central Florida, USA, Environ Earth Sci 75:1274.

第 10 章 评估美国佛罗里达州中部某高速公路建设区可能发生的地面塌陷的风险

由于可溶性基岩(碳酸盐或白云岩)被酸性地下水腐蚀溶解,表层土壤会逐渐下沉或突然坍塌,形成地面塌陷。地面塌陷在美国广泛分布于佛罗里达州中部岩溶地区,并被公认为是威胁人类生命和破坏基础设施的主要地质灾害。地面塌陷的发生与当地的水文地质条件有关,如降水、地下水补给和非承压–承压含水层水位差。前人研究表明,地下水向下渗流速率(非承压含水层向承压含水层的地下水流动速率)较高的地区地面塌陷发生的可能性较高。详细分析水文气象条件和水文地质条件,量化降水、地下水补给和非承压–承压含水层水位差,有助于评估美国佛罗里达州中部岩溶区可能发生的地面塌陷的风险。佛罗里达州中部某高速公路建设区及其附近地区发生地面塌陷的可能性尚不清楚。在本案例中,利用 MODFLOW 模型建立地下水流模型,并对模型的参数进行校准,以量化地下水向下渗流速率,用于评估佛罗里达州中部某高速公路建设区及其邻近地区可能发生的地面塌陷的风险。

10.1 研究内容简介

地面塌陷是一种常见的由可溶性基岩(碳酸盐或白云岩)被酸性地下水腐蚀溶解而引起表层土壤逐渐下沉或突然坍塌所自然形成的地质灾害。地面塌陷可能对建筑物、道路、桥梁、输电线路和管道造成财产损失和结构问题;并且可能导致环境问题,例如地下水水质恶化,因为地面塌陷可能会将受污染的地表水直接输送到地下水含水层(Chen, 1993;Lindsey 等, 2010);地面塌陷可以通过收集降雨和地表径流来创造新的湿地和湖泊。自 20 世纪 50 年代以来,人口稠密的城市和农村地区地面塌陷情况的发现和报告迅速增加,人们已经认识到地面塌陷是人类生命和财产遭受破坏的主要地质灾害,导致社会遭受巨大的经济损失(Wilson 和 Shock, 1996; Brinkmann 等, 2008;Kuniansky 等, 2015)。

地面塌陷是美国佛罗里达州中部岩溶地区常见的地貌之一。从 19 世纪 50 年代,地面塌陷就被确定为当地主要的地质灾害之一,造成了大量的经济损失,影响了社会发展,尤其是在密集的城市群,地面塌陷大量破坏当地的基础设施,如建筑物、道路、桥梁、管道等。在佛罗里达州中部,地面塌陷形成的主要原因在于气候变化等形成的酸雨入渗地下水,加强了地下水的侵蚀作用(侵蚀速率极端缓慢,一般为 0.2~0.5 mm 每千年)。地面塌陷的主要诱发因素包括强降雨的发生、非承压含水层地下水和承压含水层地下水水位差的急速增加以及较大的地下水补给速率。地下水补给速率是指上覆非承压含水层经弱透水层向承压含水层渗透的单位时间内的流量。

在佛罗里达中部的隐伏型喀斯特地形中,岩溶地面塌陷发生的空间分布极其不均匀,因为一些地区出现很多的地面塌陷,而另外一些地区却没有出现。Wilson 和 Beck(1992)对佛罗里达州中部大奥兰多地区出现地面塌陷的水文地质条件和地理位置进行了研究,推测地面塌陷的不均匀分布是由地下水补给速率存在的空间差异造成的。Xiao 等(2016)对佛罗里达州中部地区已出现的地面塌陷空间分布与地下水下渗率的空间变化关系进行统计分析,发现地面塌陷空间密度随地下水下渗率的增加呈线性增加。根据这一重要发现,地下水补给速率被认为是佛罗里达州中部容易发生地面塌陷地区发展地面塌陷可能性的一个非常有效的指标。一般来说,在地下水补给速率较高的地区,地面塌陷发育的可能性较大。

从工程的角度来看,佛罗里达州中部在建高速公路及其邻近地区未来可能发生的地面塌陷是极其危险的。本研究的目的是基于地下水流模型模拟局部尺度地下水补给速率,估算在建高速公路及其邻近地区地面塌陷发育的可能性(相对概率)。地下水补给速率的计算可以采用解析法或数值法,但由于当地没有完善的地下水观测系统,也没有开展常规的地下水监测工作,导致佛罗里达州中部易塌陷地区地下水补给速率定量分析无法进行(缺乏地下水观测数据)。因此,本书采用数值方法,利用 MODFLOW 模型建立了该区的地下水模型,并对模型进行了参数率定,以量化地下水的补给速率。事实上,数值方法已经成为量化地下水补给速率的一种广泛使用的方法,由于高性能计算机和仿真代码的快速发展,地下水建模和数值模拟方法最近在世界范围内的许多案例研究中得到了成功的应用。估算佛罗里达州中部地区在建设高速公路及其附近地面塌陷潜在发生区的地下水的补给速率有以下几方面好处:

(1)能够用于判断正在建设的高速公路及其附近是否存在地面塌陷的风险。

(2)提醒有关部门及早采取行动,尽量降低地面塌陷出现带来的负面影响。

(3)为从事地面塌陷灾害领域工作的工程技术人员和居住在地面塌陷易发区的居民提供佛罗里达州中部岩溶地区地面塌陷发育方面的资料。

10.2 研究区描述

10.2.1 简述

研究区域为在建高速公路及其附近地区[高速公路如图 10-1(a)所示的实心白线],位于美国佛罗里达州中部大奥兰多地区北部的 SR46 和 SR429 两条重要国道及其附近地区。地表海拔从 5 m 到 30 m 不等,区域平均海拔高度为 16~17 m[如图 10-3(a)所示,数据来源于美国地质调查局国家区域范围内地表高程数据集]。根据 St. Johns River Water Management District 提供的土地利用数据显示,该地区主要由森林、牧场、居住区、沼泽和湿地组成,如图 10-1(b)所示。

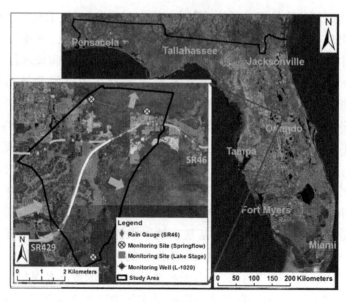

(a)研究区地理位置

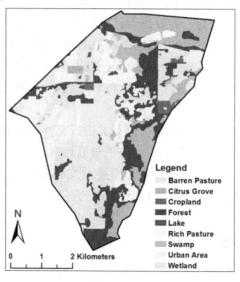

Legend
Barren Pasture
Citrus Grove
Cropland
Forest
Lake
Rich Pasture
Swamp
Urban Area
Wetland

(b)研究区土地利用

图 10-1　研究区概况

10.2.2　水文气象条件

佛罗里达州中东部属于湿润的亚热带地区,气候夏季炎热潮湿,冬天温和干燥,雨季从 5~10 月,旱季在 11 月(Mailander,1990)。平均最低温度 1 月为 10 ℃,8 月为 22 ℃,平均最高温度 1 月为 22 ℃,7 月为 33 ℃。年降雨量为 848~2 075 mm,年平均降雨量为 1 366 mm,年平均蒸散量为 760~1 200 mm(Schmalzer 等, 2000;Tibbals,1990)。区域地下水流动是从西南向东北部和东部流动[如图 10-1(a)所示的亮绿色箭头]。

10.2.3 水文地质条件

研究区水文地层单元由上至下依次为地表含水层系统(Surficial Aquifer Systems)、弱透水层系统(Intermediate Confining Unit)、承压含水层系统(Floridan Aquifer System)和隔水层(Lower Confining Unit)。根据 Schmalzer 和 Hinkle(1990)的描述,各水文地层单元的特征如表 10-1 和图 10-2 所示。

表 10-1　各水文地层单元的特征情况

Geologic age	Composition		Hydro-stratigraphic unit	Thickness (m)	Lithological character	Water-bearing property
Holocene and Pleistocene	Holocene and Pleistocene deposits		Surficial aquifer system	0~33	Fine to medium sand, sandy coquina and sandy shell marl	Low permeability, yields small quantity of water
Pliocene	Pliocene and upper Miocene deposits		Intermediate confining unit	6~27	Gray sandy shell marl, green clay, fine sand and silty shell	Very low permeability
Miocene	Hawthorn Formation			3~90	Sandy marl, clay, phosphorite, sandy limestone	General low permeability, yields small quantity of water
Eocene	Ocala Group	Crystal River Formation	Floridan aquifer system	0~30	Porous coquina in soft and chalky marine limestone	General very high permeability, yields large quantity of artesian water
		Williston Formation		3~15	Soft granular marine limestone	
		Inglis Formation		>21	Coarse granular limestone	
	Avon Park Formation			>87	Dense chalky limestone and hard, porous, crystalline dolomite	
Paleocene	Cedar Keys Formation		Lower confining unit	—	Interbedded carbonate rocks and evaporites	Very low permeability

承压含水层系统(Floridan Aquifer System)是一个大型含水层,一般厚度大于 600 m,大多具有很高的渗透性和透水性。一般而言,承压含水层系统受上覆弱透水层及下覆隔水层所限制。在大多数地方,承压含水层系统的水位高于地表含水层系统的地下水位,导致地下水从承压含水层向上渗透到地表含水层,从而为盐分向上运移创造了通道。然而,

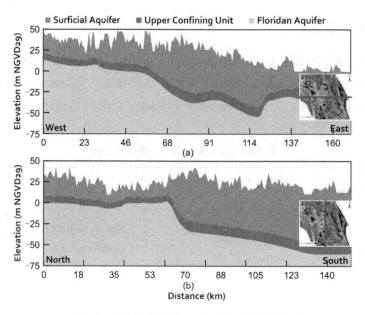

图 10-2　各水文地层单元的特征情况(剖面图)

由于上覆弱透水层渗透率较低,因此向上渗透量相对较小。由于下覆隔水层渗透率极低,通过隔水层的向下渗透非常小。沿海地区从承压含水层中泵出的地下水矿化度较高,这极大地限制了承压含水层地下水的开发利用。内陆地区承压含水层透水性高,是农业、工业和市政用途的淡水供应的主要来源,主要是因为碳酸盐岩基岩的溶解和次生孔隙度和岩溶特征的发展。承压含水层由相对较厚的第三纪时期的碳酸盐岩组成,包括连续的相互连接的石灰岩和具有高渗透性的白云岩。承压含水层由上、下承压含水层组成,由几个限制和半限制单元分隔。上部承压含水层的顶部是弱透水层。上部承压含水层包括由Suwannee 渗透区(如果存在)组成的渗透区和最上层的渗透区(包括顶部之间的所有渗透区),具有互层低渗透性石灰岩、白云质灰岩和白云岩的海绵状白云岩结构,其中存在裂缝系统和海绵带,产生可渗透的区域。上部承压含水层的底部由承压含水层中间部分的两个复合单元标记。这两个复合单元是 Lisbon-Avon Park 复合单元和 Middle Avon Park复合单元。Lisbon-Avon Park 复合单元主要由细粒碳酸盐岩和低渗透碎屑岩约束层组成;Middle-Avon Park 复合单元由含蒸发岩的岩石和地层等效的非含蒸发岩的碳酸盐岩单元组成。复合单元的厚度和渗透率控制上、下承压含水层之间的地下水交换速率。较低的承压含水层由 Middle Avon Park 复合单元下方的所有可渗透和较不可渗透的区域组成,包括 Avon Park 的最下部,较低的 Avon Park 渗透区和 Oldsmar 渗透区。下部承压含水层的底部是由 Cedar Keys Formation 组成的下部限制单元。承压含水层的厚度(定义为覆盖的弱透水层和隔水层之间的所有岩石)从 600 m 向南逐渐增加到 750 m。在大多数地方,承压含水层受到覆盖的弱透水层的限制。然而,在弱透水层很薄或不存在的地区,承压含水层可以无限制地与地表含水层进行水力交换。由于高度异质性和各向异性,根据局部水文地质条件,透水率在 500~100 000 m²/d 之间变化。当非承压含水层水位高于承压含水层时,地下水向下渗流。在承压含水层的大部分范围内存在岩溶特征,包括裂缝、地下暗河和泉,导致承压含水层成为具有相对高透水率的高产含水层(Williams 和 Kuniansky,2016)。岩溶作用和封闭程度是区域地下水流动的关键控制因素。一般而言,在承压含水层不承压或轻度承压的区域,透水率较高,因为渗透的弱酸性雨水很容易向下移动,并溶解碳酸盐基岩(Kuniansky,2012)。在承压含水层高度承压的情况下,情况恰恰相反。

地表含水层上界为地下水位,下界为弱透水层顶部,主要由中-低渗透全新世和更新世细砂、贝壳灰岩、粉砂、贝壳、泥灰岩等沉积物组成。主要补给区位于卡纳维拉尔角岛和东梅里特岛相对较高的沙脊上。地下水位在雨季后期(9~10月)升至最高点,在旱季后期(3~4月)降至最低点。沿海地区形成的咸水/淡水过渡带的厚度和迁移主要取决于水文地质环境的特征和内陆水位的波动。过渡带可以向陆地移动,也可以向海洋移动,与之相对应的是水位的降低或升高。

在佛罗里达州中部的大部分地区,非承压含水层的地下水位高于承压含水层的地下水位,而地下水水头的差异可以造成向下的水力梯度。向下的水力梯度引起地下水向下渗流,可以促进地表土壤的侵蚀和碳酸盐溶蚀,并产生空洞,导致地面塌陷。地下水向下渗流速率主要取决于下向水力梯度和弱透水单元的厚度和渗透率等特性。

10.3 地下水建模和数值模拟

本案例采用的地下水模型是 MODFLOW,运用该模型可量化在建高速公路及其附近地下水补给速率。模型的校准采用试错的方法进行,通过调整水平或者垂直的水力传导系数的值,得到符合要求的模拟地下水位及泉水的出流量,使之与实测值的误差最小。应注意的是,因为由于缺乏实地调查,地下岩溶和地下暗河情况未知,所以地下水的流动假定为多孔介质层流流动,而不考虑岩溶管道紊流流动。

10.3.1 模型边界

模型的模拟区域为在建高速公路及其附近区域,如图 10-1(a)所示。模型模拟区域的边界或平行于地下水位等值线,或垂直于地下水位等值线,如图 10-4(a)所示。

10.3.2 时间和空间离散

从空间上来看,模型的模拟区域的水平方向被离散为 248 行和 218 列的网格,网格 x-y 方向的间距为 30 m。垂直方向被分成三层:第一层代表非承压含水层,第二层代表弱透水层,第三层代表承压含水层。第一层、第二层和第三层的顶部标高如图 10-3(a)、(b)和(c)所示,第三层的底部标高如图 10-3(d)所示。从时间上来看,模型为稳态恒定模型,基于多年平均水文气象条件和水文地质条件而建立,其模拟结果为研究区多年平均稳态地下水补给速率。

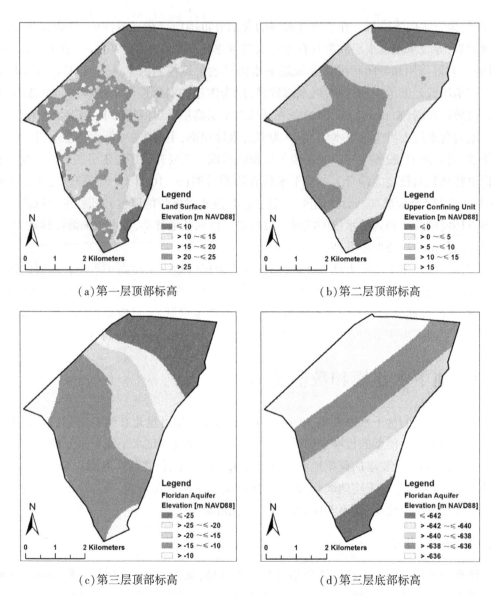

（a）第一层顶部标高 （b）第二层顶部标高

（c）第三层顶部标高 （d）第三层底部标高

图 10-3 各地层标高

10.3.3 水文地质参数

描述水文地质特征的水文地质参数见表 10-2。在模型校准过程中，每一层的水平或者垂直方向的水力传导系数的值进行了调整。

表 10-2 水文地质参数

Parameter	Layer 1	Layer 2	Layer 3
Horizontal Hydraulic Conductivity	30 [m/d]	0.01 [m/d]	600 [m/d]
Vertical Hydraulic Conductivity	3 [m/d]	0.01 [m/d]	60 [m/d]
Porosity	0.2 [-]	0.3 [-]	0.4 [-]

10.3.4　边界条件

代表非承压含水层的第 1 层的边界条件为定水头边界、定流量边界、补给边界、蒸散发边界[如图 10-4(b)所示]。与地下水位等值线平行的侧向边界为定水头边界;垂直于地下水位等值线的侧向边界为定流量边界;第 1 层的顶部为补给边界和蒸散边界,用于表示入渗量和地下水的蒸散量。入渗雨水由降雨和入渗/降雨的比值(取决于植被和土地覆盖)来计算,蒸散速率由潜在蒸散速率计算。代表弱透水层的第 2 层的侧向边界为零流量边界。代表承压含水层的第 3 层为定水头边界、定流量边界和井边界[如图 10-4(c)所示]。

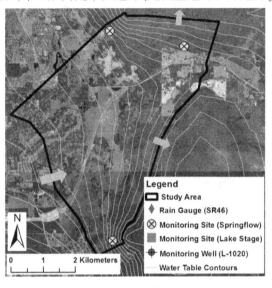

(a)地下水等值线图

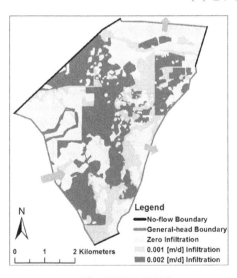

(b)第 1 层的边界条件

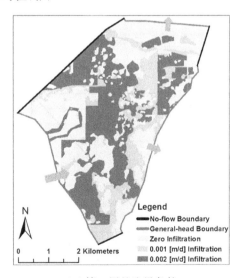

(c)第 2 层的边界条件

图 10-4　模型物理边界与各地层边界条件

10.4 结果与讨论

10.4.1 模型校准

如上所述,采用试错法对所建立的模型进行校准,将水平或者垂直的水力传导系数调整在合理范围内,直到模拟的地下水位和泉水的流量与实测值匹配到满意程度。现场实测数据来自地下水观测井、地表水水位观测点、泉水流量变化观测点。这些监测站统一由 St. Johns River Water Management District 管理,其位置如图 10-5(a)所示,校准结果如图 10-5(b)、(c)所示。

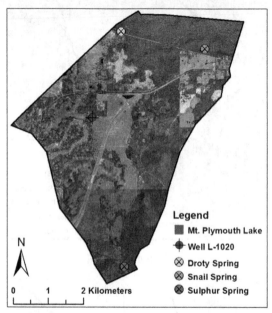

(a)观测站的地理位置

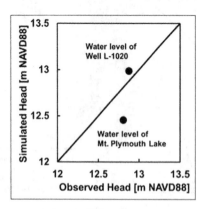

(b)观测井数据校准

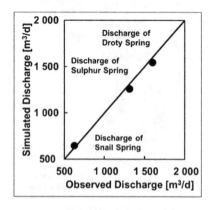

(c)地表水水位和泉水水位校准

图 10-5 模型校准

10.4.2　地下水补给速率和地面塌陷发生概率

　　利用校准后的地下水模型计算了多年平均稳定水文气象和水文地质条件下的地下水位和地下水补给速率[见图 10-6(a)、(b)、(c)]分别显示了非承压含水层地下水位高度、承压含水层地下水位高度和地下水补给速率的空间变化。总体而言,西南部、中部非承压含水层水位较高,东北部、东部非承压含水层水位较低(部分与地形变化一致);西南部承压含水层水位高度较高,东北部承压含水层水位较低;西南部、中部地下水补给速率较高,北部、东北部、东部地下水补给速率较低。由于在地下水补给速率较高的地区,地面塌陷发育的可能性较高。因此可以估计,研究区西南部和中部地区,地面塌陷发育的可能性相对较高。

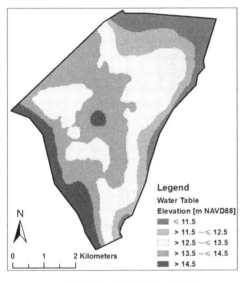

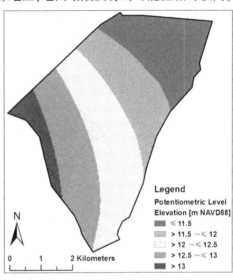

(a)非承压含水层地下水位高度　　　　　　(b)承压含水层地下水位高度

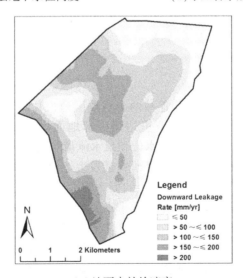

(c)地下水补给速率

图 10-6　模型运行结果

基于地下水补给速率[见图10-6(c)]，研究区可分为五个具有不同下渗速率的区域，包括区域一（下渗速率小于等于 50 mm）、区域二（下渗速率大于 50 mm，小于等于 100 mm）、区域三（下渗速率大于 100 mm，小于等于 150 mm）、区域四（下渗速率大于 150 mm，小于等于 200 mm）、区域五（下渗速率大于 200 mm）。相应地，发生地面塌陷的风险在区域一、二、三、四和五的可能性被认为是低、较低、中等、较高和高。研究区域发生地面塌陷的风险可视化地图如图10-7所示，这对判断给定区域是否具有较高的地面塌陷发育可能性具有重要意义。

从图10-7中可以看出，在建高速公路的大部分路段（白色实线）位于高或较高风险区域。因此，强烈建议佛罗里达州交通管理局采取相应的应对措施，如在高风险区域架桥等，尽量减少发生地面塌陷的负面影响。

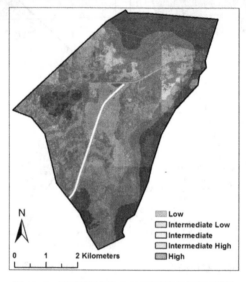

图 10-7   研究区域发生地面塌陷的风险评估

10.5   总结与结论

在该案例中，在建高速公路是为连接两个重要国道（SR46 和 SR429）而设计建设的，在建高速公路及其附近区域位于佛罗里达州中部地面塌陷易发区。通过建立该区的 MODFLOW 地下水模型，并运用观测井水位和泉水流量对模型进行校准，最终模拟得到研究区地下水的补给速率，并基于此评估了研究区发生地面塌陷的概率。研究结果表明，在建高速公路及其邻近地区的地面塌陷发生的概率较大。因此，强烈建议交通管理部门在及时采取相应的保护措施，将地面塌陷发生带来的负面影响降到最低。

值得注意的是，利用地下水补给速率来评估地面塌陷发生的概率相对单一，地面塌陷的发生除与地下水补给速率明显有关外，还与降水和地下水位的关系密切，因此后续研究应涉及其他影响因素及各种诱发因素的耦合影响，对美国佛罗里达州中部岩溶区发生地面塌陷的风险进行综合评估。

参 考 文 献

[1] Anderson M P, Woessner W W, Hunt R J (2015) Applied Groundwater Modeling: Simulation of Flow and Advective Transport (2nd eds) Elsevier.

[2] Beck B F (1986) A generalized genetic framework for the development of sinkholes and Karst in Florida, USA. Environ Geol Water S 8:5-18.

[3] Beck B F (2005) Soil piping and sinkhole failures. In: Culver DC, White WB (Eds) Encyclopedia of Caves, Elsevier, New York, 523-528.

[4] Brinkmann R (2013) Florida Sinkholes: Science and Policy. University Press of Florida, Gainesville, Florida.

[5] Brinkmann R, Parise M (2009) The timing of sinkhole formation in Tampa and Orlando, Florida, Florida Geographer 41(41):22-38.

[6] Brinkmann R, Parise M, Dye D (2008) Sinkhole distribution in a rapidly developing urban environment: Hillsborough County, Tampa Bay area, Florida. Eng Geol 99(3-4):169-184.

[7] Chitsazan M, Movahedian A (2015) Evaluation of artificial recharge on groundwater using MODFLOW model (case study: Gotvand Plain-Iran), Journal of Geoscience and Environment Protection, 3, 122-132.

[8] Ford D C, Williams P (2007) Karst hydrogeology and geomorphology. Wiley, Chichester.

[9] Gray K M (2014) Central Florida sinkhole evaluation. Technical Publication, Florida Department of Transportation, District 5 Materials & Research.

[10] Gutiérrez F, Parise M, De Waele J, Jourde H (2014) A review on natural and human-induced geohazards and impacts in karst, Ear. Sci. Review, 138:61-88.

[11] Kuniansky E L, Weary D J, Kaufmann J E (2015) The current status of mapping karst areas and availability of public sinkhole-risk resources in karst terrains of the United States. Hydrogeol J 24(3):613-624.

[12] Lindsey B D, Katz B G, Berndt M P, Ardis A F, Skach K A (2010) Relations between sinkhole density and anthropogenic contaminants in selected carbonate aquifers in the eastern Unites States. Environ Earth Sci 60:1073-1090.

[13] Mali S S, Singh D K (2016) Groundwater modeling for assessing the recharge potential and water tablebehaviour under varying levels of pumping and recharge, Indian Journal of Soil Conservation, 44(2):93-102.

[14] Maroney P F, Cole C R, Corbett R B, Dumm R E, Eastman K L, Gatzlaff K M, McCollough K A (2005) Final report: insurance study of sinkholes, State of Florida Report.

[15] Miller J A (1986) Hydrogeologic framework of the Floridan aquifer system in Florida and in parts of Georgia, Alabama, and South Carolina. U.S. Geological Survey Professional Paper 1403-B.

[16] Motz L H, Beddow II W D, Caprara M R, Gay J D, Sheaffer S M (1995) North-central Florida regional ground-water investigation and flow model (final report), St. Johns River Water Management District.

[17] Parise M, Pisano L, Vennari C (2018) Sinkhole clusters after heavy rainstorms, J. Cave Karst Stud., 80(1):28-38.

[18] Sahoo S, Jha M K (2017) Numerical groundwater-flow modeling to evaluate potential effects of pumping and recharge: implications for sustainable groundwater management in the Mahanadi delta region, India, Hydrogeol. J., 25(8):2489-2511.

[19] Sanford W (2002) Recharge and groundwater models: an overview. Hydrogeol. J. 10:110-120.

[20] Scanlon B R, Healy R W, Cook P G (2002) Choosing appropirate techniques for quanfitying groundwater recharge, Hydrogeol. J. 10:18-39.

[21] Tibbals C H (1990) Hydrology of the Floridan aquifer system in east-central Florida-regional aquifer system analysis-Floridan aquifer system. U.S Geological Survey professional paper 1403-E.

[22] Waltham T, Bell F G, Gulshaw M (2005) Sinkholes and subsidence: Karst and cavernous rocks in engineering and construction. Springer-Praxis Books in Geophysical Sciences. Springer, Heidelberg.

[23] Williams L J, Kuniansky E L (2016) Revised hydrogeologic framework of the Floridan aquifer system in Florida and parts of Georgia, Alabama, and South Carolina (ver. 1.1, March 2016): U.S. Geological Survey Professional Paper 1807, 140 p., 23 pls.

[24] Wilson W L, Beck B F (1992) Hydrogeologic factors affecting new sinkhole development in the Orlando area, Florida. Groundwater 30(6):918-930.

[25] Xiao H, Kim Y J, Nam B H, Wang D (2016) Investigation of the impacts of local-scale hydrogeologic conditions on sinkhole occurrence in East-Central Florida, USA, Environ. Earth Sci., 75:1274-1289.

[26] Xiao H, Li H, Tang Y (2018) Assessing the effects of rainfall, groundwater downward leakage, and groundwater head differences on the development of cover-collapse and cover-suffosion sinkholes in central Florida (USA), Sci. Total. Environ., 644:274-286.

[27] Zhou Y, Li W (2011) A review of regional groundwater flow modeling, Geoscience Frontiers, 2(2): 205-214.